U0140209

CHRISTIAN
HESSE

克里斯昂·赫塞 —— 著　　何秉樺、黃建綸 —— 著

DAS KLEINE
EINMALEINS
DES KLAREN
DENKENS

22 Denkwerkzeuge
für ein
besseres Leben

德國
一流大學
教你
數學家的
22個思考工具

目次

序

　　思考是一種精神活動。在思考過程中，我們獲取訊息並加以消化、理解且進一步掌握、找出問題並尋求解答。特別是要從既有的訊息中，找出有助於解題的有用見解。

　　從問題中尋找解答的過程，極為特別又具創造性。想得出最後的答案，必須透過循序漸進的理解。思索必須如同知識載體，先有概念，接著產生作用，再進一步達到成功的結果。思考運作不能強求而得，但總可藉由捷思法，也就是一般人所稱的創意方式，產生更多概念，不論結果為何，至少提供了成功的機會。一般公認捷思法為相當有效的思考工具。換句話說，當我們遭遇不知如何解決的問題時，捷思法是最好的導引工具。

　　每一個人都能思考。就像跑步、游泳與跳高，有些人擅長、有些人表現平平、有些則很差。但是思考就像前述的技能，可藉由練習讓技巧純熟，並運用輔助加強。如同游泳選手穿上蛙鞋後能夠加速，思考者也可使用思考工具，充分提升解題能力。

　　這就是本書的目標。這本書將介紹 22 個容易理解、但極為有效的思考工具。讀者們只需具備基礎數學知識，即可輕鬆讀懂。這些經過證明的思考技巧形式，可讓你思路更加活絡，幫助你解決定量問題。

　　思考能造就快樂的感受，每一個靈光乍現都像一次完美的攻頂，每一個成功的理解都是從大腦皮質綻放出的煙火。

　　數學是展現思考最純粹形式的科學。數學是一種「思想體系」，是從概念中衍生而出的理論。日常生活中到處都找得到數學的蹤跡，數學不僅無所不在、隨處可用，更是引人入勝，甚至極富美感。近代所有的科技成就都用到了數學，它幫助我們更理解這個宇宙，也是我們能繼續存活在宇宙中的不可或缺的要素。此外，**數學還擁有許多令人屏息的美麗元素。**

本書顯而易見的目的，是提供讀者至少雙重的激勵：參與一個使你更加聰明的冒險旅程，以及享受解題過程所產生的美感。這本書憑藉著引人入勝且分段體驗的方式，為讀者提供了數學上的閱讀、思考以及進一步的深思熟慮。這本書可視為是數學與生活最令人驚喜的融合。何不試著挑戰一下我們的數學能力，並補強一下不足的部分。

不可避免的，這本書放入了作者本人的主觀因素。雖說數學是實事求是的，但它不僅是心智活動，同時也是熱情所在；不僅是已知事實的總和，也是卓越思考的殿堂。我們可以將數學理解為一種敘述性的科學。人們可以輕易的察覺且確認，數學是門特別且內容豐富的學問。尤其是在引人注意的問題陳述、巧妙的策略運用、迷人的數學證明和極為有效的結果論證上更能體認到。這本書也納入了很多格言、思考的啟發、軼事、歷史背景，就像同類型的數學書，我們以輕鬆有趣的原則使內容更加豐富多彩，生動活潑。所以這本書是風格輕鬆的，盡可能寫得有趣又愉悅。

＊　＊　＊

這本書分成兩個迥然不同的部分。第一部分是導言，廣泛介紹什麼是問題、思考以及數學思維。數學家遇到問題時，他們不會馬上陷入恐慌，而是大膽果決的著手處理它。對數學家來說，問題的存在是智識生活的一部分。面對問題時，他們也不會很快就感到挫折，而會不斷地重新站起來，帶著更多的傷口繼續處理面對。這是因為，他們已經受過非常密集的基礎訓練，加強了挫折承受力以及解題能力。

在第二部分將提出 22 個思考小工具，其中包括了類比原則、歸謬法、窮舉法等等。在內容上與問題的難度上，我們做了粗略的區分，針對解題思考法分為基礎、進階、高階三種類型。

此外，除了有豐富生動的數學思維小故事外，書裡還舉出了許多例子，讓讀者們進一步了解思考小工具的實際運用。

寫這本書花了很長一段時間，甚至可以說是匯集了超過四分之一世紀的數學研究成果。首次的濃縮內容是在斯圖加特大學 2006 年的夏季學期中，針對非數

學系學生所開設的課程（課程名稱為：與數學的相遇）教材。

在此，我要感謝為這本書的出版做出貢獻、協助我讓這本書更容易理解的所有人。所有的感謝已溢於言表，以下我將提及他們的名字。

伊娜・羅森伯格（Ina Rosenberg）和菲利普・施尼斯勒（Philipp Schnizler）參與了手稿的編排與資料的處理。弗拉德・薩書（Vlad Sasu）完成了絕大多數的插圖。

感謝鮑爾曼博士（Dr. Bollmann）對我的手稿非常詳細的校正，貝克出版社（C. H. Beck Verlag）對這本書的採納以及出版過程中愉快的合作經驗。

一如慣例，在此我也要誠摯的感謝我的家人：安德莉亞・羅蜜樂（Andrea Römmele）、漢娜・赫塞（Hanna Hesse）和雷納德・赫塞（Lennard Hesse）。如果沒有他們，就不會有這本書的完成，在此將這本書獻給我的家人。

克里斯提安・赫塞（Christian Hesse）

於德國曼海姆

I. 寫在前面

導言
值得注意的事物、數學證明、小細節

我要再想一下。

——愛因斯坦，美國

　　問題的存在是人類基本生活狀態的一環，如果我們試著下定義的話，問題的產生就代表實際狀態與期望狀態之間的差距。思考的目的，就是要以具體事實、抽象觀念、直觀想法及概念上的建構為工具，來消弭這種差距。從這個基本特徵，我們也將更了解思考的本質。思考是人類重要的核心能力，而普通教育的基本要求就是要學會思考。

　　會思考的不只人類，但在同樣經過演化而會思考的所有生物當中，人類的思考機制卻是最訓練有素的。人們藉由思考，使得思考本身產生意義。

　　思考是人類在危難險境下做決策的關鍵技術。定量分析思考或數學思維可追溯到早期人類，數學可說是最古老的科學之一。數學的起源已埋藏在歷史的黑暗迷霧裡，但數學的用途卻是再清楚不過了：古時候的人就在想辦法丈量土地、創建曆法、進行貿易，並且試圖更了解這個充滿各種現象的大千世界。從此，數學思維就發展成一種威力強大的知識工具，讓世人能夠涉足未曾經歷的領域，譬如基本粒子世界或是宇宙深處。此外，數學思維不但遍及幾乎所有的學門，從英國文學、氣象學、心理學到動物學，還影響了我們的日常生活。數學思維是重要科學技術的關鍵能力，因此通常在幕後發揮重要的作用，默默影響了許多近代工程學上的成就，像是電腦斷層造影、電子貨幣、電視、行動電話等。就連汽車能跑、飛機能飛、橋梁能承載、暖氣能發熱，都少不了數學。

　　大自然的許多現象裡，也看得到數學：藉著近距離的觀察，我們可以從蜂巢的構造和許多植物葉子的脈絡中，發現許多迷人的數學，而在空間與時間的大尺度結構中，也呈現出極為精妙的數學規律。

　　量化分析思考對現代人有許多方面的協助。不管走到哪兒，我們都會遇上數字、函數、統計數據及其他數學結構。我們可以根據數字做出決策，利用函數呈現出趨勢，藉由統計來鞏固論證。有了數字、函數及一般的數學結構，我們就能將世界安排得條理分明，但也可能變成混淆視聽、操縱和欺騙的工具。藉由量化思考，我們可以解開這神祕的世界，但如果運用不當，也可能會誤入歧途或使他人偏離正道。

唉呀！弗洛伊德

　　就連精神分析學派創始人弗洛伊德這麼聰明的人，也被愚蠢的數字謎題打敗了；給他這道謎題的，是柏林的一位耳鼻喉科醫生威廉·佛里斯（Wilhelm Fließ）。1897 年弗洛伊德在寫給佛里斯醫生的信中說：「你向我展示了 28 和 23 循環週期的世界奧祕。」佛里斯從他的病人的病歷中，仔細分析意外事故、術後併發症與自殺未遂之後，發現疾病的發展過程會有一致的規律。佛里斯推論，每個人的生命都受到特定的週期所制約，這個數字分別為 28（女性週期）和 23（男性週期）。簡單說，佛里斯算出，所有的測量值都可寫成 23x+28y 的形式（x 與 y 為正整數或負整數）。他還把這個公式應用到各種自然現象上，甚至花了很多年的時間，收集大量的重要數字並製成表格。真是工程浩大。這項發現讓佛里斯著迷不已，後來也吸引了弗洛伊德的注意，竟有這麼多數字可以寫成 23x+28y 的形式。

　　但佛里斯犯了一個天真的謬誤。佛里斯跟弗洛伊德都沒有意識到，把 23 和 28 換成任意兩個互質的數，都可以得到完全一樣的現象。每一個整數都可以表示成任意兩個互質數的整數倍之和。這真是悲劇，他們的一切努力只是一場鬧劇。佛里斯白白浪費了這些年在他的「理論」上，但它的背後其實只是數學上簡單的整數性質。而弗洛伊德的學生，事後也因他們的老師成

> 為這種胡說八道的受害者，感到尷尬。這真是智能上的大誤會呀！

數學思考能讓人具備抵抗被人操縱及迷信的能力。反之，則會讓人毫無防備地任人擺布，而且失去十分重要的學習機會。

事物的本質是，在問題解決之後總是會留下另一個問題。解決問題的想法不能強行而得，但經由啟迪式思考的形式可能影響，也就是目標導向思考工具的使用，或許可以達成。本書的目標在於：教導讀者如何形成有效的思考架構以及以系統性的方式來解決問題。

引人發笑的修辭軼事

教授教學法人氣排行榜

第三名：並列第三名（極度令人不開心的）：「大家得到極快速和極不精準的結果。」N.N. 教授在講題為「英特爾奔騰處理器編程錯誤」的課堂上這麼說。

第三名：並列第三名（快，再快一點）：「這個證明也可以很快解出，如果你動作加快的話。」K.H. 教授在高等數學講座上這麼說。

第二名：（減速）：「如果我寫東西在黑板上，不是方便你們閱讀，而主要是讓我在課堂上的思考速度可以慢下來。」F.B. 教授在數學密碼學的課堂上這麼說。

第一名：（簡報論）：「如果我每秒播放 24 張的畫面，這就成了一部電影。」J.W. 教授在一堂數學研討會的最後，用很快的速度播放許多張 ppt 投影片。

數學使用的語言，是一種精確的、全世界共通的符號語言，誠如托馬斯・沃格爾（Thomas Vogel）在《米蓋・托雷達席瓦的最後歷史》書中寫到的：「想要了解世界，就必須鑽研數學，數學的語言是由數與線組成的，線又構成了圓、三角形、角錐、立方體。沒有這種語言，我們將會無助的迷失在錯綜複雜的黑暗迷

宮中，沒有光線指引出路，幫助我們脫困。」

　　就像在現代生活的大部分領域一樣，電腦在數學裡扮演了重要角色，但並不是要角，最重要的關鍵仍是理解錯綜複雜的關聯性。在這方面，電腦絕對可以用來作為輔助工具，但解決問題所需要的智慧卻不是人工智能可完成的。

　　數學知識、公式和方程式，不管放在宇宙任何地方或任何時間，都會成立。數學企圖建立真理。為此，首先要定出一些明確的概念，以便發展出一套共識。這樣的規定稱為定義。古希臘數學家歐幾里得（Euclid）定義了點、線、直線的概念：

　　點是沒有部分的東西（只有位置，沒有長度）。
　　線只有長度，沒有寬度。
　　直線是上頭均勻包含了點的線。

　　這三句話足以讓我們理解，歐幾里得要拉幾下單槓，才能為你我熟悉的日常事物做出定義。大部分時候有不同方式來精確定義。舉例來說，老虎是唯一滿身條紋的貓科動物，而人類是唯一沒有羽毛的雙足動物。這兩句描述雖然很不尋常，但從數學的角度來看卻是十分充分的。

　　在日常生活中，在科學、司法判決、政治和運動中持續採用了各式各樣的新證據。一個存在我們的日常生活中的證明是這樣的：「人們知道，必須要透過眼睛所視、耳朵所聽的事才是肯定無疑的，否則，人們可證明關閉這些器官會使得事實有了部分的偏頗。」（科爾勞施〔Kohlrausch〕，1934）

　　在實證科學中，真相是透過觀察真相或透過實驗所發現。在體育中，最後的實際情況並不單純只是由裁判員所判定。在司法判決中，事實是由法官的判決所建立起來的。在我們對法律的理解，有罪判決應當是每一個合理的犯罪行為被證明──排除合理性懷疑（指對優勢證據的確定，不能僅憑懷疑就定罪，要有證據）。

就像司法判決一樣，數學自有一套關於證明的理念，以及對於真理的判斷標準。數學上的證明，就是從那些已經視為真確的公理以及已由公理證明過的其他敘述，來驗證某個敘述是否正確。數學家就是這一種人——稍後便能看得更明白——為了證明，有時候把自己的日子搞得比別人更難受。

最有名的公理系統，是歐幾里得的幾何學所立基的系統。它包含了五個公設，例如任意兩點之間都可以作一條直線，又如最有名的平行公設：對於不在直線 g 上的每一點 S，僅有一條通過 S 且與 g 平行的直線。歐幾里得就是從這五個公設，建構出他的整個幾何學，其中包括三角形的許多性質（譬如畢氏定理），以及圓、平行四邊形等幾何物件的許多性質。真可說是劃時代的成就。

為什麼我們需要定理？

如果你像我一樣有小小孩，也許你會對以下的對話感到很熟悉。小朋友會帶我們找到答案。

你的孩子會問：「為什麼我只能喝一杯蘋果汁？」

你會回答：「因為我們等一下就要吃飯了，我不希望你吃不下飯。」

你的孩子：「為什麼蘋果汁會讓我吃不下飯？」

你：「因為它會讓你的胃變飽，而且裡面含了很多糖分。」

你的孩子：「為什麼我不能吃糖？」

你：「因為它會讓你口渴，而且對你的牙齒不好。」

你的孩子：「為什麼糖對我的牙齒不好？」

你：「糖會引來細菌，細菌會在你的牙齒上鑽孔。」

你的孩子：「為什麼細菌會在我的牙齒上鑽孔？」

到這個時候，你可能已經失去耐性，或許你會問自己，這個對話會不會結束。好問題！從邏輯上講，這個對話永遠不會真正結束。情況就像這樣：先隨便提出一個問題，然後在你用「因為」來回應問題之後，又會冒出下一個「為什麼？」。這樣就形成了一個「三難困境」——這是兩難困境的衍生版，有三種選擇，但

都不夠好。哲學家稱這個特別的形式為「明希豪森三難困境」（Münchhausen-Trilemma）。這三種選擇分別是：

1. 「提問、回答、提問⋯⋯」的這個序列，會永無止境持續下去。這稱為沒有終點的循環。
2. 經過一連串的提問和回答之後，其中一個之前已經回答過的答案會再次出現，然後一直重複這個循環，這叫作循環論證。
3. 我們可以訴諸某個不證自明的論斷，像主教的發言，或是訴諸更高的權威，例如上帝。

很短的循環論證或神蹟

　　「K 先生告訴我，上帝跟他說話了。」——「我覺得不可能，K 先生一定在說謊。」——「這不可能。神不會跟說謊的人對話！」

在數學裡，選擇了第三個選項。在開始考慮和推導之前，我們會先設定一系列的公設或公理，這些公設或公理要不是不證自明的，就是絕對必要的。

我們來舉一個簡單的例子：包含了三個公設的地方議會委員會形成系統。

公設 1：應該有 6 個委員會。
公設 2：每位議員必須參加 3 個委員會。
公設 3：每個委員會必須由 4 人組成。

這個情境的模型可由下圖來說明：

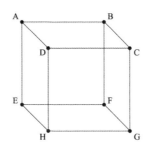

圖1：地方議會裡的委員會

　　圖中的頂點代表了8個人：A、B、C、D、E、F、G、H。立方體的每個面，各代表一個四人委員會，譬如委員會 {A, B, C, D} 或委員會 {A, D, E, H}。由於立方體有6個面，每個頂點又是三個面的交點，所以顯然滿足了這三個公設。

　　因此，我們可以找出一個模型，去滿足這些公設。這三個公設是相容的，意思是本身不存在矛盾；當公設選得不好，就有可能會自相矛盾。此外，我們也會對公設的規則感興趣，這個規則允許我們去證明或推翻與這些委員會有關的每個命題或敘述。如果是這樣，我們就說這個公理系統是**完備的**。

　　現在我們可以試著從這些公設，進一步推導出關於委員會或參與者的其他結論。以下是個簡單的衍生性質：

　　定理：地方議會由8個人組成。

　　證明非常簡單：我們把每個委員會裡的人數（4）乘上委員會的總數（6），會得到24。根據公設2，每人必須參加3個委員會，也就是每個人都計算了三次，所以議會裡應該有 24 / 3 ＝ 8 位成員。

　　相對的，由以下兩個公理組成的公理系統，就是個不相容的系統：

　　公設1：每個委員會由2人組成。

　　公設2：如果委員會的數目是奇數，委員人數就只有一人。

這兩個公理是自相矛盾的，而且很容易證明為什麼矛盾。由公設1可知，就算是有奇數個委員會，每個委員會裡的人數也必為偶數。我們的論證，可以由以下這個假想的握手例子來說明。「如果有一群人兩兩互相握手，那麼即使每個人握手的次數是奇數，相加後的結果一定是偶數。為什麼？假設有 n 個人，而 s_i 代表第 i 個人的握手次數，則方程式 $s_1 + s_2 + ... + s_n = 2k$ 一定會成立（其中的 k 為某個自然數），因為兩人之間的握手在總次數裡都會計算兩次。但因為 2k 是偶數，所以次數和 $s_1 + s_2 + ... + s_n$ 也是偶數，儘管相加的項數（即參與的總人數）是奇數，相加的結果仍是偶數。」

將「兩兩握手」換成「一起組成委員會」，同樣的結果也可以直接套用。

數學證明可長可短，可能記滿數學符號、以圖示來表示、或是寫成乏味的計算過程。可能是快刀斬亂麻，直指問題核心，或是歷經一長串的思路才達到目的地。我們在這本書裡，會遇到上述所有的情形。但無論證明的形式為何，重要的是必須要能理解，將它內化為自己的知識寶庫。數學問題是民主的。在證明面前，人人平等！

有個經典的例子，既可以說明單獨一個概念的洞察力，同時又能展現數學之美，那就是古希臘人已經知道這件事：三角形的內角和為 180 度。

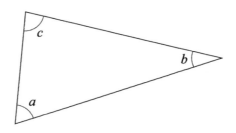

圖2：三角形的內角

意思就是，角 a、b 和 c 加起來必定等於 180 度。對於任何一種形狀的三角形，不管是等腰、直角或是銳角三角形，這都是令人驚訝的、非常有秩序的、統一的觀點。內角和不是 180 度的幾何形狀，一定不是三角形，道理就這麼簡單。

這件事的魅力不僅來自於它本身。它的證明雖然是基礎數學的程度，但同時又具有深刻的洞察力。過任意三角形的任何一個頂點，畫一條與對邊平行的直線，透過這個技巧，可以作出兩個新的角，跟三角形的另外兩個內角一樣大。現在，解法就要呼之欲出了。你可以從下圖看出端倪，在圖中，相同的字母代表相同大小的角。

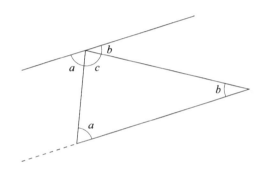

圖3：三角形的內角和

因此 a + b + c 一定等於 180 度。這就是證明。

雖然如此，數學卻相當兩極化。談論數學這門科學的言詞，有時很讓人困擾。儘管數學家為世界提供了這些有用的東西，但厭惡數學的人的反感程度，就和追隨者的熱情一樣強烈。反數學的人一看到數學公式，就渾身不對勁。

美化生活的世界：數學版

你也是這樣嗎？痛恨與數學公式打交道？甚至看了就討厭？只要出現公式，第一個反應就是想要逃得遠遠的？

如果是這樣，不妨試試以下這個三分鐘的練習，這要感謝邁克爾·席勒（Michael Schiller）。這項練習沒有壞處，如果它有用，你就會從這本書裡獲得更多樂趣。畢竟，人生就是要充滿樂趣。以下是幫助你愉悅的跟數學公式打交道的訣竅：

1. 首先閉上眼睛，回想一個令你難忘的經驗，這個經驗是能讓你感覺到

四周充滿且流動著積極正向、渾身起雞皮疙瘩。

2. 打開眼睛一或兩秒鐘，看看本書第 262 頁或寫了許多公式的其他頁。

3. 然後閉上眼睛，再回憶一下那個難忘的經驗。

4. 把注視公式及回想難忘經驗的步驟反覆做三次。然後，把思緒拉回現實，再自己測試一次。去看一下第 262 頁。現在看到公式，有什麼感覺？

不是每個數學證明都牽涉到數學符號的運算，有時只要靠一張圖和幾個概念，或者就像說故事一樣。接下來，我們要展示一些不帶任何文字的圖像式證明，這些證明都在闡釋下面這個對所有的自然數 n 都成立的等式：

$$1^3 + 2^3 + 3^3 + ... + n^3 = (1 + 2 + 3 + ... + n)^2 \tag{1}$$

畢達哥拉斯（Pythagoras）和他的門徒常常坐在薩摩斯的沙灘上，玩著被浪衝上岸的石頭。他們發現，每當他們累積到 $1^3 + 2^3 + ... + n^3$ 顆石頭，就能夠堆成一個正方形。於是他們就想，這是普遍的現象，或只是巧合。他們想到了幾種解釋方法，都是不需要任何文字的論證，可以呈現出真理。相較於抽象的公式，這些化為圖像的證明一目了然，彷彿一本數學真理型錄。就像走秀一般。

不需要文字的證明　第一個

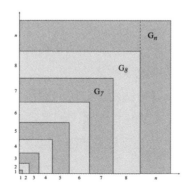

圖4：(1)式 的視覺化證明

不需要文字的證明　第二個

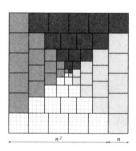

圖5：(1)式的視覺化證明

不需要文字的證明　第三個

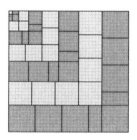

圖6：(1)式的視覺化證明

　　我們這個小小彙整的背後理念：所有的例子都在顯示，視覺化可以讓真理變得清楚易懂。這些看起來詩情畫意的圖像訊息，裝載著解密的資訊。

　　我們還會為你展示另一個變化：即使我們像下圖那樣，以立體的圖像來呈現，多少還是可以看出 (1) 式所要表達的概念。這個結構的邏輯不難辨認。

　　就某方面來說，它是個郵購目錄般的、透過實際操作的證明方法，像是在堆積木。乍看之下，很像是「功能決定形式」這個概念的反向思考：

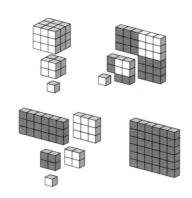

圖7：(1)式的視覺化證明

視覺化證明就展示到此。

就我們目前為止談論到的，而且撇開實用性和重要性不談，定量分析思考可說是非常具有美感的；它是豐富美感的源頭，是講求精確、充滿秩序的知識世界。

美景的讚美詩

　　當我在解決問題的時候，我不會想到美。但當我做完了，而解決的辦法不漂亮的時候，我知道它是錯的。

　　　　　　　　　　　　　　　　　　——**富勒**（Richard Buckminster Fuller）

天衣無縫的搭配，加上個別的考量，就形成了一個嚴謹的、目標導向的論證——就像時鐘的齒輪彼此緊密結合，形成一個更大的整體——常常留下強烈的和諧感。這份美感就隱藏在思考概念裡包含的這種思考架構。

此外，數學也是一種奇妙的媒介，讓你無條件的去接近創造性。它是深刻的，有時令人驚訝，有時甚至看似矛盾。你可以把數學當成心智工具，思考幾乎所有的事物，去發現新的東西。數學裡還留有許多尚未解決的精彩問題。

在數學葡萄園內工作

「礦工忍受著肺塵症、患有自戀型人格障礙的作家、狂妄自大的工頭。所有這些問題與缺陷的產生，都可歸因於這些患者工作環境的生產條件。」恩森斯伯格（Hans Magnus Enzensberger）寫道。就連數學家也有各自的獨特生產條件。有哪些呢？特別是要問：數學是從哪裡冒出來的？都是些經過精挑細選的地點！

書桌前。 西蒙・戈林（Simon Golin）說，數學家是神話中的人物，半人半椅。這裡的椅子指的當然是書桌椅。的確，許多數學就誕生自書桌，書桌正象徵著嘈雜世界中那塊不會讓人分心的寧靜綠洲。至少是通常不會讓人分心。眾所周知，數學大師歐拉（Leonhard Euler）坐在書桌前的時候，就算有孩子（他總共生了 13 個小孩）在他腳邊嬉鬧或趴在他背上，他仍舊能很有效率地思考，做出數學。要不是在晚年失明了，他的產量絕對會多出許多。

床上。 高斯（Carl Friedrich Gauß）在一封信中，描述了他對於正十七邊形尺規作圖問題的新發現：「關於做出這項發現的經過情形，我還未曾公開提起，但現在我可以一五一十地說出來。那天是 1796 年 3 月 29 日，而這件事純屬因緣際會。（……）由於我一直在全力思考所有的根之間的算術關係，結果在布朗斯威克家裡度假的那天早上（在我還沒起床之前），我清楚地看到了這個數學關係式，所以就把它應用到正十七邊形上，並坐在床上做數值計算來驗證結果。」

喝咖啡時。 艾狄胥（Paul Erdős）是 20 世紀最神祕的數學家之一。幾十年來他過著走遍世界各地、沒有固定居所與穩定工作的生活，大部分時間他都在拜訪朋友，靠朋友給他財務上的幫助，有幾位還在自己家裡永遠為他保留一個空房間。同樣的場景一再發生：艾狄胥一到，馬上就有一個舒適的位置，面前還放了一杯咖啡，這樣他就可以開始專心思考了。他常說一句話：「我的心是開放的。」他視咖啡如命，經常喝而且喝很多。他曾定義說：「數學家就是把咖啡變成定理的機器。」不過，這些定理的品質似乎跟咖啡的品質不太相關。

沙灘上。 美國數學家史蒂芬·斯梅爾（Stephen Smale）1960 年有大半的時間，都在里約熱內盧的純數與應用數學國家研究所（IMPA）做研究，有不少時間是待在沙灘上——當然是在工作啦。他寫道：「平常的下午，我都會坐公車到 IMPA，很快地跟艾倫（Elon）討論拓樸學，與毛利吉歐（Mauricio）談動力學，或是去圖書館，最愉快的就是我在沙灘上度過的時間。我可以在那邊寫下我的想法，試著把論證建構起來。我是如此全神貫注在工作上，沙灘完全不會打斷我的思考或讓我分心。我最好的研究成果當中，有一部分就是在里約熱內盧的海灘上產生的。」斯梅爾後來為了最後這句話有點惱火。他高調的反越戰行動惹來攻擊，而他以尼克森總統的顧問身分在「里約海灘」所做的工作，被批評是在浪費納稅人的錢。

在信封，雞尾酒餐巾，乒乓球和各種布料上。 可能的物品太多了，我們只舉一個例子就好。弗雷（Gerhard Frey）在用餐期間，拿起黑色麥克筆在紅色乒乓球拍上寫著，向波昂大學的數學家哈德（Günter Harder）熱情洋溢地解釋自己在數論方面的新想法。弗雷的這個想法，最後成了證明「費馬猜想」的重大進展——費馬猜想（費馬最後定理）是歷史上最有名的數學問題。我們會再找機會回頭談一談費馬。

> 我的一個意見；在 2 月 18 日，世界思考日這天，我在日記裡寫下：
> 一個可能的數學真言：我思，故我在，而且快樂。
> 或者從荷蘭數學家史楚克（Dirk Jan Struik）的觀點：「數學家會活到老年；這是健康的職業。數學家會長壽，是因為他們有愉快的想法。數學和物理都是令人愉快的工作。」

總而言之，數學是神奇的。利用數學，就能變出魔術！

接下來就講個數學小戲法，以示證明。

許多魔術都是有數學根據的，但往往做了掩飾。有些數學戲法非常戲劇性，

就像我們在這裡所要展示的。紙牌魔術的歷史和紙牌遊戲一樣久遠，古埃及時代就已經有人用紙牌玩遊戲及變魔術了。巴賀德（Claude Gaspard Bachet）是第一個致力於數學紙牌戲法的數學家，並將自己的發現寫成一本書：《由數學形成的令人愉快而有趣的問題》，1612 年在法國出版。

就我所知，唯一一位投入數學魔術的哲學家，就是美國邏輯學家帕爾斯（Charles Peirce, 1839–1914）。他還自己想出了一些魔術，其中一個魔術是根據費馬的一個定理。帕爾斯只花了 13 頁來描述玩法，但要另外用 52 頁來解釋運作原理。不過，比起所花的力氣，表演效果可說相當差強人意。

然而，今天有數不盡的數學魔術，設計巧妙，玩起來不費力，而且很有成效和娛樂性。下面要介紹的這個魔術，利用到的事實是：32 張牌的牌面總和（設定 J = 2，Q = 3，K = 4，A = 11，而七、八、九、十的牌面各為對應的數字）等於 216，而 216 可以被 12 整除。玩法是這樣的：由一個人洗這疊牌，從中抽出一張，然後牌面朝下放在一旁——這樣魔術師就不知道抽出的是哪張牌。接下來，魔術師要一張接一張看其餘的 31 張牌，看完之後對觀眾故作驚訝地說，他有驚人的記憶力，所以知道抽出來的是哪張牌。

對魔術師來說，他有很多算法可以用來變這個魔術。其中之一是：在他一張一張看這 31 張牌時，他要累計牌面的數字和，並且取「模 12」。意思就是：他把看到的牌面數字加起來，而且只要總和達到 12 或超過 12，就減去 12。魔術師只需記住目前的計算結果。最後，他把最終算得的那個數字扣掉 12，就可以知道蓋住的那張牌的牌面了。至於那張牌的花色，魔術師可以利用他的腳，在桌子底下進行取「模 2」的算術，就像這樣：看第一張牌之前，雙腳平踩在地板上，一看到梅花，就把左腳後跟提起或放下，看到黑桃時，則將右腳後跟提起或放下，而看到紅心時，同時移動兩隻腳跟，若看到方塊，則不做任何動作。等所有 31 張牌都看過一遍了，而且在觀眾渾然不覺之下做完了這些足部動作之後，魔術師就可以從腳跟的位置，推論出那張抽走的牌是何花色。如果只有右腳後跟抬起，代表那張牌是黑桃；如果只有左腳後跟抬起，則是梅花；如果兩腳後跟都提起來，表示那張牌是紅心；若兩腳都平踩在地板上，就是方塊（牌的花色總是與腳部的移動相呼應，最終兩隻腳仍然需要返回到與地面接觸的位置）。

　　數學能產生什麼樣正面積極的情緒，就由這段小插曲來說明：薩摩亞島上的第一所教會小學成立以來，也促使當地人發展出對於算術的狂熱。戰士們放下武器，開始把黑板和筆桿當成利器。他們會抓住任何機會，給自己、也給歐洲來的訪客一點簡單的算術題。人類學家沃波爾（Frederick Walpole）後來說，他在這座美麗島嶼的造訪真是掃興，因為幾乎一直不停地算乘法與加法。

城市數學

　　每個星期三中午，紐約數學教授喬治·諾本（George Nobl）都會花一個小時散步。然後他會在第五和第六大道之間的 42 街，放置一塊自製看板，開始教「街頭數學」。這位 63 歲的老數學家解釋說，他想帶大家重拾數學的樂趣，還拿巧克力棒作為答對問題的獎勵。許多路人受到激勵，即使下著雨也依然站在黑板前或是向他要紙筆，嘗試解題。而且有的問題可能相當難，例如：

時鐘指到下午 3:50 時，時針和分針之間的夾角是幾度？

弗雷德粉刷一個房間要 3 小時，瑪麗亞粉刷同一個房間只需要 2 個小時。如果兩人一起粉刷這個房間，需要多久？

　　　　　　　　——出自《紐約時報》2002 年 2 月 7 日的一篇報導

　　在這本書中，我們要用許多小例子，來闡述關於量化思考的所有層面，包括它的廣泛運用、特殊成效以及美感。整本書裡穿插了各種類型的幽默小故事與實例，以及各式各樣的數學趣聞。

II. 思考工具

　　一般來說，工具的用途是擴展能力所及、開啟新的可能性以及簡化繁瑣的工作。至於思考工具，則是藉由想法和資訊來解決問題的策略，這種策略可以讓知識、問題及思考的過程變得更容易，並且進一步提升思考能力。簡單來說，思考工具是能夠強化人類才智的增強器。

　　緊接著我們要介紹的是心智工具箱，其中裝著各式各樣用途廣泛的解題工具。有的工具雖然在形式或內容上看似相當簡單，但仍能闡明許多重要的結果。我們會選幾個具啟發性的例子，來說明這些方法的應用，但這些方法其實都可以應用到更一般化的情況。這些方法都是相當有幫助的解題技巧。像這樣能夠廣泛應用的技巧，自然不嫌多。接下來我們就開始一一介紹吧！

1. 類比原則

我們能將這個問題回推到另一個已知答案的類似問題嗎？

希臘船王歐納西斯（Aristoteles Onassis）的類比原則：
富人不過是擁有很多錢的窮人罷了。

失敗的類比：
「將納稅義務人的死亡，依照稅法第十六條第一款第三項中的長期無工作能力，
作為判斷依據，並進一步依此扣除其增高的免稅金額，是不可能的。」

——聯邦稅務手冊

　　尋找和運用類比，是相當重要的思考工具。要找具有啟發意義的實例，並不
需要捨近求遠；我們可以從運動的例子來切入。以網球錦標賽來說（例如溫布
頓），共有 128 位選手參與單淘汰賽。為了能夠妥善規劃賽事，公開賽的主席想
要知道，在冠軍產生之前，總共有多少場比賽需要舉辦。

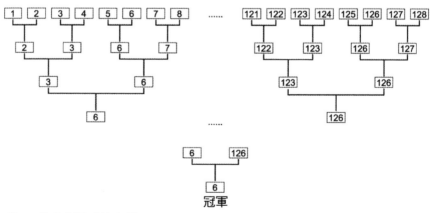

圖8：共128位參賽選手的賽程

這時賽事主席必須依據完整的賽程來考慮：在第一回合，將 128 位參賽選手配對成 64 組進行比賽，即產生 64 場比賽。在第二回合，由第一回合的勝出者配對成 32 組進行競賽，此回合的勝出者再配對成 16 組進行第三回合，繼續以此類推，直到準決賽和總決賽。也就是說，總共要舉辦 64 + 32 + 16 + 8 + 4 + 2 + 1 = 127 場比賽。

好了，我們得到這個問題的解答了，但這樣的求解方式並不漂亮，反而顯得有些老套。不可否認地，雖說這個算式並不複雜、令人拍案叫好或絕頂聰明，但仍是有用的。針對這種解題方法，我的確不是很滿意。賽事主席雖然從中得知自己必須了解的一切，但是整體的其中一個面向並沒有被呈現出來，而且這種運算顯然是有局限性的，同時毫無美感可言。在不混淆思考結果的狀況下，只要再多費一點心力，我們也能利用別種方法來解決這個問題。

你可能會發現，參賽人數（即 128）正好是 2 的次方數（即 2^7），而每一回合的比賽場數，又都等於參賽人數的一半，因此相加的比賽場數，仍是 2 的次方數，而且指數部分會依次遞減，從六次方（即第一回合的 $2^6 = 64$ 場比賽）到零次方（即 $2^0 = 1$ 場總決賽）。你可以回想一下以前學過的等比級數公式，特別是，對所有的自然數 n = 1, 2, 3 ...，下列等式永遠成立：

$$1 + 2 + 4 + ... + 2^n = 2^{n+1} - 1 \tag{2}$$

如果對於這個公式沒有印象的話，你可以在 (2) 式的左邊乘上 2 − 1 = 1（其值不變），來做驗證，也就是說

$$(1 + 2 + 4 + ... + 2^n) \cdot (2 - 1) = (2 + 4 + 8 + ... + 2^{n+1}) -$$
$$(1 + 2 + 4 + ... + 2^n) = 2^{n+1} - 1$$

把 n = 6 代入，很快就能得到答案 $2^{n+1} - 1$。

就某方面來說，這已經是相當引人矚目且聰慧的思考方式，不需做許多算

術，而且還可以從有 $2^7 = 128$ 人參賽的錦標賽，推廣到如果有 2^{n+1} 人參賽，則需要舉辦 $2^{n+1}-1$ 場比賽。也就是說，若參賽者為 64 人，則有 63 場比賽；有 256 人參賽時，則需要 255 場比賽。有趣的是，賽事的總數總是參賽選手總人數減 1。

然而，以此種解題方法作為開端不是特別適合。因為我們會得出另一個疑問：為何比賽總數會等於參賽總人數減 1 呢？這個策略的有趣之處還不止如此。接下來是數學之美第二章。

每一場賽事都會產生一位勝方及一位敗方，這是沒有爭議的。每一位參賽者都會繼續參加比賽，直到落敗，便遭到淘汰。這表示什麼呢？這解釋了：第一，總共有多少場賽事，就有多少人被淘汰。第二，只有唯一一名參賽者，也就是冠軍得主，從頭到尾沒有輸過任何一場比賽。現在，就很容易從這兩項事實，推論出以下的結果，這是個完美的綜合思考。如同我們之前所解釋的，除了冠軍之外，每一位參賽者都輸掉一場比賽，所以，被淘汰的人數以及比賽場數，就會是參賽總人數減 1；因此，128 位參賽者就代表共有 127 場比賽，而若有 2^{n+1} 位參賽者，則需舉辦 $2^{n+1}-1$ 場賽事。如此簡單的思維過程，就能帶來成就感。

簡單的思考是上帝賜予的禮物。
　　　　　　　　　　——前西德總理艾德諾（Konrad Adenauer）

這些話清楚嗎？可被理解嗎？
　　　　　　　　　　——足球教練特拉帕托尼（Giovanni Trapattoni）

講清楚一點！
　　　　　　　　　　——麻省理工學院實驗室的鸚鵡 Alex 在發音課堂上，
　　　　　　　　　　　　對牠的同事鸚鵡 Griffin 這麼說

能夠啟發靈感的思維過程，是有說服力的、清晰的及結構緊密的。目標明確的推理過程，其實就是純粹、毫無限制的思索，不需要計算甚至數字，也不依賴

已知的公式。它結合了一連串微小的靈光乍現、意外及沒有預期到的啟發。這個例子雖然微不足道，但同時卻展現了有效、經濟、簡單、超凡的思維架構。

　　這種思維方式還有一項優點：再經過一番細想，就會發現參賽人數並不是非要 2 的次方數不可，而是馬上可以推廣到一般的情形：對於有 k 個參賽選手的單淘汰賽，只需要舉辦 k − 1 場賽事，直到最後的優勝者產生為止，而 k 可以是任意自然數。我們就用 k = 11 位選手的情形來驗證一下。

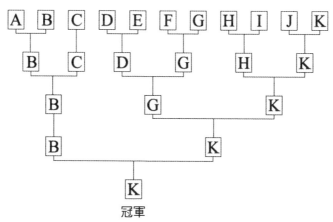

圖9：11位參賽選手的賽程

　　每一條橫線代表一個賽事，總共有 10 條橫線，正如我們所料，必須舉辦 10 場比賽。

　　正如這句座右銘所說的：「一個好的證明，就是使我們更為明智的證明。」能夠激發靈感的思維，會使我們得到更多的訊息與更深刻的見解。對知識的理解，是個全方位的問題。

　　在接下來的第二個例子中，我們要來看看折斷一整片巧克力的數學問題。你可以想像一下，一位母親在小朋友的生日派對上要如何將一整片巧克力迅速地分塊，下圖中這片巧克力共有 k = n · m 小塊巧克力。

圖10：一整片巧克力與分塊

　　我們的問題就是在問，怎麼樣才能用最少的折斷次數，把這片巧克力分成 n · m 塊。

　　如果要將一片 3×4 的巧克力分塊，其中一種可能的步驟是：

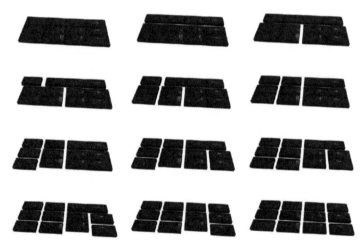

圖11：把一整片巧克力分塊

　　總共要折斷 11 次。所以現在繼續我們的準互動項目。有個問題馬上冒出來：有沒有哪個策略，能讓折斷的次數少於 11 ？探討各種可能的策略，顯然不是一件容易的問題。

　　答案是：沒有！簡短但詳細的證明如下：不管用什麼方法來折斷，折斷後的

塊數都會加1，因為一個大塊總會分成兩個小塊。這是很顯而易見的。到最後，沒有哪片巧克力可以再被分塊時，就代表這整片巧克力已經完全分成巧克力塊了。這時我們該來想一想如何減少折斷次數的問題：

一開始，或者可以說是折斷 0 次後，是完好的 1 塊。

折斷 1 次之後，會有 2 塊。

折斷 2 次之後，會有 3 塊。

折斷 nm－1 次之後，會有 nm 塊。

結論：折斷後的塊數，始終比折斷次數多 1 ——不受我們的折斷方式所影響！此問題可以從這個角度看：出乎意料的無害小事。[1]

數學家把這種關聯性，稱為不變量。在上面這個情形中，把整片巧克力分塊所需的折斷總次數，不會因為我的折斷方式不同而改變。一旦你意識到這一點，就可以制定一個一般化的步驟。即使我是按照鋸齒狀的折線，而不是以直線來折斷巧克力片，如圖 12 所示，完成分塊所需的折斷總次數依然不會減少。

圖12：用更一般化的方式來折斷一片巧克力

再回過頭看一下先前討論的賽事問題，你會發覺：比賽問題與巧克力分塊問題之間，有個很重要且意想不到的類比關係，而這兩個問題的求解也可以互相類

---

1 數學的晚上八小時：為了有一個可以放鬆的下午，我曾向朋友描述了這個關於巧克力片的問題。這個朋友深深著迷於尋找解答。稍晚，他跟我聯絡，說他直到深夜都還沒有上床休息。當他發覺這個問題的簡單解答在他眼前一閃而逝時，他變得很焦躁不安，以至於無法入眠。稍後，他把這個問題命名為赫塞的失眠藥。意指我們在任何情況下都可以把一個問題根據其潛力去延展。

比。我們是從結構的角度來看問題。若把兩者對應起來，就能清楚看到結構上的一致性：

網球賽　　　　　　　　折斷巧克力
遭淘汰的選手　　　　　巧克力塊

　　每打完一場比賽，遭淘汰的總人數與比賽的總次數均會增加 1。剛開始時，經過 0 場比賽，有 0 人被淘汰，到了最後，經過 k – 1 場比賽，就有 k – 1 人被淘汰。我們可以試著把這些概念，類推到折斷巧克力的情形上：巧克力片每折斷一次，折斷動作與巧克力塊的總數均增加 1。剛開始時，折斷 0 次，有 1 塊巧克力，到了最後，折斷了 k – 1 次，就有 k 塊巧克力。

　　這兩個問題在深層結構上是一樣的——雖然每個問題的情境不同。

　　像這樣有用的類比不勝枚舉，接下來再介紹一個小遊戲，非常適合讓你用來與這可愛的數學敵人對決。

當你一直贏，就會得到更多樂趣。

——唐老鴨（語出〈偉大的高爾夫冠軍〉）

　　這個遊戲需要一堆硬幣，總共有 k 枚硬幣。

　　首先，玩家 A 要將這堆硬幣隨意分成兩堆。接著，玩家 B 從兩堆中選擇一堆，再隨意把它分成更小的兩堆。然後輪到 A 再選出一堆……如此這般繼續輪流下去。做最後一次分配動作（此時桌上只剩下 2 枚硬幣）的玩家，就是遊戲的贏家，可以贏得所有的硬幣。

　　這個遊戲看起來是個非常困難的數學問題，獲勝的策略牽涉到許多行動的可能性——雖然後者說對了，但前者可就錯了。這個遊戲很容易類比到我們剛才詳細討論過的情況：在經過 0 次分堆前，有一堆硬幣；分過第一次後，不管分法如

何，都會有 2 堆，緊接著每分一次，堆數都會加 1。這當中的一般規則是：如果硬幣數 k 是偶數，玩家 A 一定會獲勝，因為要讓 k 枚硬幣的每一枚都自成一堆，必須分 k − 1 次。所以說，這個遊戲又和網球賽問題如出一轍。現在我們已經有同一個問題的三部曲了。

還不止如此：我們甚至找得到打網球、分巧克力、分硬幣這幾個例子的幾何類比，乍看之下完全變了個樣子，但其實是同類型的問題。

出自「世界上最聰明的人」智力測驗的兩道類比測驗題：
9 與 361 的關係，就好比是井字遊戲對什麼的關係？
5280 與英里的關係，就好比是 43560 對什麼的關係？

另外附贈一個我自己設計的類比測驗題：
　　法蘭克・札帕（Frank Zappa）對女性的態度，就好比是喬・派恩（Joe Pyne）對什麼東西的態度？
　　關於上述題目的一個小小的，但也可能是大大的提示：
　　搖滾音樂家札帕受邀上知名的派恩脫口秀節目，派恩向來以挑釁式的談話風格而聞名。有些人聲稱，派恩之所以用這種傷人的訪談方式，要歸因到腿部截肢讓他變得憤世嫉俗。一頭長髮的札帕是在 1960 年代末受邀上節目的，男性留長髮在當時是很不尋常的。以下就是兩人的唇槍舌劍：
　　派恩：「如果只看你的長髮，會以為你是個女人。」
　　札帕：「如果只看你的木腿，會以為你是張桌子！」

　　一間博物館的館長想要監管博物館裡的館藏品。這座博物館的平面圖看起來如下圖：

圖13：一個簡單多邊形

在幾何學上，這種結構稱為**簡單多邊形**。各邊只會相交於頂點，形成一個封閉的多邊形。

博物館裡都會有警衛。館長該如何調動這些警衛，以便監控整個博物館的室內空間呢？

館長已經想好一個簡單的方法：把這個多邊形分割成三角形，也就是在整個多邊形內部，適當地畫出頂點之間的連線。然後，他就可以要求館內的每個警衛負責監管一塊三角形地區。這樣總共需要多少警衛（可分割成幾個三角形）？

我們如何能夠認知到，其實這不是新的問題，只是看似如此？這個問題的答案，明顯取決於平面圖的複雜度，也就是多邊形的頂點數 k。當 k = 3 時，顯然只有一個三角形，而 k = 4 時，會有兩個三角形。到目前為止，情況還在我們掌握中。

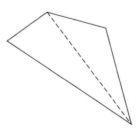

圖14：k = 4時，有兩個三角形

我們必須把連線畫出來。k = 5 的情形也很容易達成：

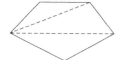

圖15：k = 5時，可分成三個三角形

如果我們把 k 邊形（有 k 個頂點）改稱為 n 多邊形（可分成 n 個三角形），即 n = k − 2，會比較容易看出一般化的情形。這個小技巧可以減少複雜性。意思就是，3 邊形是 1 多邊形、4 邊形是 2 多邊形、5 邊形是 3 多邊形，以此類推。

很有趣且重要的是，透過連線把 n 多邊形切成三角形所需的連線數，會引導出三角形的數目。我們用 D(n) 代表可畫出的三角形數目，而以 V(n) 代表需要畫出幾條連線（彼此之間不相交）。D(n) 個三角形，會有 3D(n) 條邊，其中有些邊是多邊形頂點之間的連線，會重複計算了兩次，然後再加上多邊形的邊數 n + 2，所以是：3D(n) = (n + 2) + 2V(n)。

如果把所有 D(n) 個三角形的內角全加起來，會得到 180° D(n) = 180° (n + 2 + 2V(n))/3。另一方面，由於連線彼此不相交，所以所有三角形的內角和，會等於 n 多邊形的內角和 W(n) = n · 180°。意思就是，如果你依順時針方向，像街上的汽車般沿著這個多邊形繞一圈，那麼你在 (n + 2) 個角的每一個角往右轉的角度，會等於 180° 扣掉該角的內角。整個多邊形繞完一圈後，所轉的角度總和一定會是 360°，這可從 W(n) = n · 180° 推導出來。要是其中一些內角大於 180°，這個推理仍然行得通，差別就在於右轉變成了左轉，角度變成負的。從 180° D(n) = W(n) 這個方程式，可得 180° (n + 2 + 2V(n))/3 = n · 180°，由此又可得連線數 V(n) = n − 1。我們還可以附帶算出：D(n) = (n + 2 + 2(n))/3 = n。

現在再從另一個不同的觀點，來看看關於一個 n 多邊形的發現結果。我們先畫一條任意的對角線 d。它把這個 (n + 2) 邊形，切成兩個多邊形 X 與 Y，分別有 x + 2 與 y + 2 個頂點，其中的 x 和 y 都小於 n，因此可視為有一條共邊的 x 多邊形與 y 多邊形。

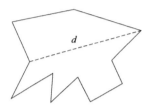

圖16：多邊形與對角線d

連線 d 的起點與終點既屬於 X，也屬於 Y，所以 n＝x＋y，而且

$$D(n) = D(x) + D(y) \tag{3}$$

且初始值 D(1)＝1。對於 1（包含在內）到 n（不包含在內）的所有 x 與 y 來說，這個關係式都是成立的。圖 16 中的 11 邊形（或 9 多邊形），由對角線 d 切成一個 4 邊形（或 2 多邊形）和一個 9 邊形（或 7 多邊形）。因此，D(9) = D(7) + D(2)。

由 (3) 式，若我們令 x＝n－1 和 y＝1，即可得

$$D(n) = D(n - 1) + D(1)$$

把這個概念重複代入 D(n－1)、D(n－2) 等等，就得

$$
\begin{aligned}
D(n) &= D(n - 1) + D(1) \\
&= D(n - 2) + D(1) + D(1) = D(n - 2) + 2D(1) \\
&= D(n - 3) + D(1) + D(1) + D(1) = D(n - 3) + 3D(1) \\
&= D(2) + (n - 2) \cdot D(1) \\
&= D(1) + D(1) + (n - 2) \cdot D(1) = n \cdot D(1) \\
&= n
\end{aligned}
$$

一間 n 邊形的博物館，可劃分為 n – 2 個三角形，所以館長的策略是必須分配 n – 2 個警衛，才有辦法監視整個博物館。

對照方程式 (3)，對角線數目 V(n) 也可稍加修改成下面這個關係式

$$V(n) = V(x) + V(y) + 1 \qquad\qquad (4)$$

這裡的 n = x + y。這個關係式對從 1（包含在內）到 n（不包含在內）的所有 x 與 y 來說，也都是成立的。(4) 式右邊多出來的 + 1，代表著把 n 多邊形切成 x 多邊形與 y 多邊形的那條連線。就像 (3) 式的情形，我們也要考慮一下 (4) 式的起始條件，因為很顯然 V(1) = 0，這時只有一個三角形，畫不出任何對角線。

利用相同的迭代法，可算出：

$$
\begin{aligned}
V(n) &= V(n-1) + V(1) + 1 \\
&= V(n-2) + V(1) + V(1) + 1 + 1 \\
&= V(n-2) + 2V(1) + 2 \\
&= V(2) + (n-2) \cdot V(1) + n - 2 \\
&= V(1) + V(1) + 1 + (n-2) \cdot V(1) + n - 2 \\
&= n \cdot V(1) + n - 1 \\
&= n - 1
\end{aligned}
$$

所以，在一個 n 多邊形，即 (n + 2) 邊形中，我們最多可以畫出 n –1 條不相交的對角線。因此，館長必須為他的 n 邊形博物館畫出總共 n – 3 條連線。

我們再次注意到，它和分硬幣問題的直接關聯。共有 n 枚硬幣的一堆硬幣（我們就叫它「n 堆」），每次都可分成 x 堆和 y 堆，其中 n = x + y，而 T(n) 為所需的分堆總次數：

$$T(n) = T(x) + T(y) + 1 \tag{5}$$

同樣的,這對介於 1(包含在內)到 n(不包含在內)的所有 x 與 y 均成立,且 T(1) = 0。

它和網球賽問題的類比關係也變得很清楚了。令 B(n) 為參賽選手有 n 人的賽事所需舉辦的比賽場數。關係式 (5) 中的 T 可以換成 B,這樣就能夠把 n 個選手分成一組有 x 個選手跟另一組有 y 個選手的群體,這兩組分別需要 B(x) 和 B(y) 場比賽,來決定優勝者,分組冠軍再比一場總決賽,來爭取最後的贏家。

就連分巧克力問題也可以套用這個明顯的類比關係。

我們所討論的所有情況,本質上都具有相同的抽象基本結構。在所有的例子中,均存在一個函數 f(n),可代入特定的數值 1、2、3 等,來代表有 n 位參賽者的比賽場數、把一片巧克力分成 n 小塊的折斷次數等。

在每種情形中,這個函數 f 都帶有以下的性質:

$$f(x + y) = f(x) + f(y) + 1 \tag{6}$$

x 和 y 均為自然數 1、2、3……。

若 f(1) = 0,則正如之前所看到的,函數 f 必為下面這種形式

$$f(n) = n - 1,對所有的 n = 1、2、3…… \tag{7}$$

別無選擇。這是前面談過的所有問題的抽象核心。從網球賽事到博物館的監視,所有的問題都能描述成 (6) 式的形式,連同初始條件 f(1) = 0,最後都會得到 (7) 式的解。這就是抽象化的好處之一。

數學是技術轉移的極致。有時經由極度的抽象化,就可透過類比來求解,因

此，同樣的思考模式可以應用到不同但類似的問題。如果我們把想法概念局限在個別的情形裡，就會認為對於任何的其他問題，即使是原來問題的類比關係，都需要一個新的想法。因此，去指責數學的高度抽象化並把自己隔絕於數學之外的人，並不清楚解題的過程是怎麼一回事。抽象化的能力，允許我們透過類比的方法，有效率地解決各種類型的問題。它讓我們把一個問題回推到另一個已知答案的類似問題上。抽象化是通往基本知識的途徑，類比原則是可以多方應用的。

換一個燈泡需要多少專家？

　　需要多少超現實主義者？4位。一位去換燈泡，一位在浴缸中裝滿流沙，一位用大氣層的邊緣磨破早餐盤，另一位把拋光後的 Swatch 手錶用獨角獸來裝飾。

　　需要多少園丁？3個，一個去換燈泡，另外兩個人在旁邊爭論，這個季節應該使用什麼樣的燈泡。

　　需要多少禪師？2位，一位去換燈泡，另一位不要去換。

　　需要多少數學家？只要一位。他會把燈泡交給 4 個超現實主義者、3 個園丁或 2 個禪師，這樣就把問題回推到已經解決的問題上。

---

2. 富比尼原理（算兩次原理）

我們可否算出某些東西的數目，卻是用完全不同的方法去算出來？

1932 年洛杉磯奧運中，三千公尺障礙賽的跑者必須在環狀跑道上持續跑了許多圈之後，再多跑一圈，因為裁判算錯了圈數。大家發現了這個錯誤後，就以最後一圈的實際結果來計算成績，這讓第二名和第三名的名次發生了變化。為此，美國選手約瑟夫·麥可拉斯基（Joseph McCluskey）拒領銀牌，他說，這面獎牌應當讓給英國選手湯姆·艾文生（Tom Evenson）。

哪一個孩子排行老大、老二、老三或老幾，是依照出生順序來決定的。

——引用自德國聯邦就業局的公告

從逃跑的角度來看：墨西哥塔加納（Tagara）監獄唯一的人犯卡羅·米塔布（Caro Mitrabu），有個合乎情理的潛逃動機。在他越獄後，警衛在他的牢房裡發現一張紙條，上面寫著：「我真的很厭煩了！每天要集合點名三次！」

——亞歷山大的笨蛋：挫折，對生活本身的描述

許多世紀過去後，人們才了解到，一對雉雞就跟兩天一樣，都是 2 這個數的例證。

——羅素（Bertrand Russell）

引自數字的歷史

數字是抽象的概念，最初是用來當作計數的工具。計數是人類的基本活動；計數的能力，最早可以追溯到文明之初。計數的發展歷史差不多就跟語言一樣古老，數字（數碼）的存在也跟文字一樣久遠。透過計數的進一步發展，數字系統便應運而生。從古至今，使用的數字系統有很多種，且各有各的文化特徵。我們就先按年代順序來簡單介紹一下數字和數字系統。

數學家的日常縮影

　　一間企業正在舉行面試，人事主管要求應徵者只需從 1 數到 10。

　　電子工程師開始數：「0001、0002、0003、0004……」人事主管把他打發走：「麻煩下一位！」

　　接著是數學家：「我們定義數列 a(n)，令 a(0) = 0，a(n + 1) = a(n) + 1。」人事主管翻了翻白眼，就要下一個應徵者進來。

　　電腦工程師數著：「1、2、3、4、5、6、7、8、9、a、b、c、……」即便如此，人事主管還是不滿意。

　　最後一個應徵者是社會學家：「1、2、3、4、5、6、7、8、9、10。」人事主管高興極了：「就是你，你得到這份工作。」社會學家非常開心地說：「我還可以繼續數——傑克 J、王后 Q、國王 K。」

　　人的十根手指成了十進位制的基礎，如果連腳趾也用上，就變成二十進位制。替每個數字都給予一個專屬的符號，顯然是不實用的，所以早期發展出來的計數方法，都會盡量以少數幾個符號來代表許多數字。最古老的計數紀錄，是在木材上的缺口發現的（「你有在木頭上留下什麼嗎？」），而且吻合現今西方計數符號的模式，例如 IIIII IIIII IIIII III。

　　當數目變得較大時，大家就發現這種方法很沒有效率，必須將較大的數目併成一捆。古埃及人在西元前 3000 年就開始使用象形文字，他們把十的次方數捆在一起。他們用以下符號來表示：

圖17：古埃及人的數碼

他們後來又增加了幾個符號，並用一個代表更大的數目的符號，來取代十個相同的圖案。譬如說，下圖就代表 5322 這個數目：

　　巴比倫人大約在西元前 3000 年，第一次使用位值系統：一個數字的值，取決於它所在的位置。我們今日所用的十進位制，也是位值系統的例子。但是巴比倫人的位值系統，底數不是 10，而是 60。我們並不知道為什麼巴比倫人要採用 60，背後的原因可能與重量的制度有關。今日我們把一小時劃分成 60 分鐘，一分鐘分成 60 秒，也是源自巴比倫人所使用的方法。假如巴比倫人是以 10 為底數，今天的時間劃分很可能就會是一天有 10 小時，一小時有 100 分鐘，一分鐘有 100 秒。

Ah ju launtsam tunait?

　　幾個月前，位於柏林的「重新設計德國」集團開始進行工作。該集團的清楚目標為：德國在各個領域的重組。隨著新時代和新語言的開始，就是所謂的簡單化德語，已經開始進行了。

——《南德日報》，2001 年 10 月 12 日

下面是摘自「重新設計德國」集團宣言的幾段話：

　　「重新設計德國」是用簡單化德語來取代傳統德語。簡單化德語簡化了德語的文法，使其易於學習，同時不需要有基礎的知識就能夠花更少的時間來學習。

　　「重新設計德國」在所有領域實施十進位制。1 天有 100 小時，1 小時有 100 分鐘，1 年有 100 天。

對此有何評論？就像是強迫托爾斯泰復活啊！

巴比倫人的六十進位制，只需要兩個符號：楔形和鉤形。他們把這些符號用方角筆刻在潮濕的陶板上，然後放著讓它乾燥或是燒冶。這種方式非常利於永久保存，因此直到超過五千年後的今天，依然有成千上萬的巴比倫陶板留存下來。

楔形代表數字 1，鉤形代表數字 10，到 59 之前的數字都重複使用這些符號來寫，例如下面這個符號

就代表 24 這個數目。

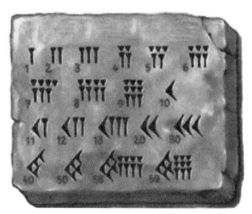

圖18：巴比倫人的數碼

超過 59 之後，就要應用這個重要的原理了。在我們的十進位系統中，當最右邊的個位數填滿了就進位，巴比倫人的系統則是到 59。我們現代所使用的數階為 $1 = 10^0$、$10 = 10^1$、$100 = 10^2$ 等等，在巴比倫人的六十進位制，就會是 $1 = 60^0$、$60 = 60^1$、$3600 = 60^2$、$216000 = 60^3$ 等等。以 694 為例，就可寫成 $694 = 11 \cdot 60 + 34$：

3241 這個數在十進位制的記數法事實上是 $3 \cdot 10^3 + 2 \cdot 10^2 + 4 \cdot 10^1 + 1 \cdot 10^0$，同一個數也可以寫成六十進位制。為了感覺一下巴比倫人空前的成就，你可以把自己的出生年份用六十進位制寫下來！

儘管它是巴比倫人的偉大成就，這個計數系統還是有一個問題存在：巴比倫人沒有零的概念，至少，他們最初並沒有為零準備任何符號。現今我們能夠使用 0 來區分 32 與 302 和 320 這三個數，並不是因為巴比倫人的功勞。例如下面這個數串

可能表示 21，也可能代表 $21 \cdot 60^1$ 或 $21 \cdot 60^2$ 等等。到底是指哪個數目，巴比倫人必須從上下文來推斷，因為缺少了 0 讓數字的位值曖昧不清。直到後來，巴比倫人才引進了一個符號，來代表空格。

大約從西元前 1000 年，中國人就開始使用算盤，並且利用竹子做成的小竹棍（算籌）來代表數字。這種系統化的記數法直接代替了文字，變成竹棍數碼。而利用這些小竹棍來做演算，叫作籌算。

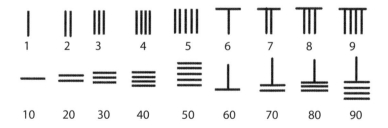

圖19：中國古代的算籌計數

馬雅人和阿茲特克人採用了以 20 為底數的計數系統，把數字 1 到 4 用點來代表，而 5、10、15 則以橫線來表示，至於零，他們用了貽貝的符號：

其餘的數字就要靠位值系統，並把符號堆疊在一起。

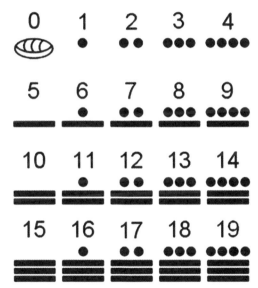

圖20：馬雅人和阿茲特克人的數字系統

數字 $213 = 10 \cdot 20 + 13 \cdot 1$ 就會表示成：

羅馬數字的歷史可以追溯到古羅馬帝國時代，起源時間可追溯到西元前 8 世紀。

　　羅馬數字是由七個符號，並根據加減法的組合規則所形成。使用到的符號為 I = 1，V = 5，X = 10，L = 50，C = 100，D = 500，M = 1000。

——相同的數碼相鄰，就相加，但最多只允許三個基本數碼相鄰（XXX = 30）。
——較小的數碼放到較大的數碼右邊時，代表相加，若放在左邊，則代表減去（如 XXXI = 31 或 IXXX = 29）。中間數碼（即 V、L、D）不得當減數。
——基本數碼 I、X、C，只能從下一個更大的中間數碼或基本數碼來減（MDCCCXLIV = 1844）。

　　羅馬帝國結束後，羅馬數字仍繼續在中歐地區使用到大約 12 世紀。今天你還可以在手錶錶面與西元年看到羅馬數字，特別是在建築物上，在版權聲明中，以及書裡的章節編號和條列項目，西方人還會用來區分同名同姓的人，例如 Benedikt XVI（本篤十六世）。

　　希臘最早的數字系統始於第 5 世紀，使用的符號與羅馬數字相似：

I（單一線條）= 1
Π（從 pente 這個字而來）= 5
Δ（從 deka 這個字而來）= 10
H（從 hekaton 這個字而來）= 100
X（從 chilion 這個字而來）= 1000
M（從 myrioi 這個字而來）= 10000

　　希伯來人的數碼系統裡，利用了 22 個希伯來字母來表示到 400 為止的數目。在《塔木德》中，是把大於 400 的數目直接記為相加的形式，例如 700 = 400 + 300。

　　即使只是概括討論計數的歷史，也不能不提西元前第 3 世紀在印度出現的

婆羅米（Brahmi）數字，今日我們所使用的數字 1 至 9，就是從這套系統發展出來的。大約在西元 600 年，印度人發明了零的概念，這個貢獻實在是難以用言語形容。印度的數碼和十進位制的概念，最早是經由波斯數學家、天文學家兼地理學家花拉子密（al-Khwārizmī，約 780–840），傳播到阿拉伯人所占領的領土，後來又由義大利數學家費波那西（Fibonacci，本名比薩的雷奧納多，約 1170–1240）傳至歐洲。費波那西在他的《計算之書》中使用了這些數字，書中是這麼開頭的：「印度的新數字符號是

$$9\ 8\ 7\ 6\ 5\ 4\ 3\ 2\ 1$$

有了這些新的數字和 0 這個符號，阿拉伯人稱之為 zephirum（零），就可以寫下任何一個數目。」

這套記數系統是目前世界上最為普遍的，這是人類史上最為開創性的發現，是征服了全世界、連接了各種文化的一項成就，是當今唯一的、真正的世界共通語言。數字已不再只是服務的功能；數字可以創造出新的真理。

偶爾我們還是找得到古代傳統計數系統的遺跡或奇特的地理特色。奈及利亞和貝南境內的約魯巴族（Yoruba），至今仍在使用複雜的二十進位制，然後再利用一套加減運算法來記數。以下是一些例子：

$$35 = 2 \cdot 20 - 5 \qquad\qquad 47 = 3 \cdot 20 - 10 - 3$$
$$51 = 3 \cdot 20 - 10 + 1 \qquad\qquad 55 = 3 \cdot 20 - 5$$
$$67 = 4 \cdot 20 - 10 - 3 \qquad\qquad 73 = 4 \cdot 20 - 10 + 3$$

約魯巴族的數字 1 到 10 就代表自己，數字 11 至 14 是靠加法產生的（即 $11 = 10 + 1$，以此類推），相反的，15 至 19 則是由 20 做減法來產生：例如 $15 = 20 - 5$。數字 21 至 24，再次由加法規則產生，而 25 到 29 又是由 30 來做減法。這種模式一直持續到 200，然後這種結構就終止了。

巴布亞紐幾內亞的歐克沙明（Oksapmin）文化，使用了上半身的 27 個部位來代表數字，這個數列始於一隻手的大拇指，以另一隻手的小指頭作結。

在許多語言中，數字的書寫與口述之間經常是不一致的。在法文中，95 這個數字念成 quatre-vingt-quinze，意思是「四個 20 加上 15」。英國威爾斯人把 18 說成「兩個 9」，法國布列塔尼人則說成「三個 6」。丹麥人對數字 60 的說法是 tres，從詞源來看這個字可理解成「三個 20」（tre snes）的縮寫版；而 halvtreds 這個字（從最後面的 20 算來，只有一半，也就是 halv）意指 50。

在金邦杜語（Kimbundu）這種班圖（Bantu）語中，7 的說法是 sambuari，字面意思是「6 + 2」，其原始的含義在修辭學中委婉的意義是用來替代 7 這個數字，因為禁忌的原因。非洲的尼姆比亞方言（Nimbia）採用十二進位的系統，144 這個數目是 12 的十二倍，念成 wo。這些字真是了不起啊！

每一種計數法都是根據一種抽象化過程，必須經過一番努力才得以建立起來——而這個過程的結果，例如把兩堆不同東西的數量都叫作 2，也不是一蹴而得。偶爾我們會找到過去留下的遺跡。譬如在斐濟群島，他們用 bole 這個字表達「10 艘船」，要說「10 顆椰子」時卻用另一個字 karo。

數算當然是數字系統最基本的功能之一。最簡單的計數行為，就是重複加 1，而計數的目的通常是要看看東西的總量有多少，或是要從一堆東西裡抽出我們想要的數量。有什麼能比數算更容易？

然而，事情並非如此簡單，因為我們還需要「零」才有辦法數算，但正如前面提到的，一直要到 13 世紀「零」才傳到歐洲。正因如此，直到中世紀，歐洲人在計算空間距離和時間間隔時，是把頭尾都包含在內，於是從「今日」到「今日」算作 1 天，從「今日」到「明天」則是 2 天。一些古老的文本上仍然保留著這種算法，譬如「在八天裡」這個說法意指一週，但事實上是七天。類似的例子還有法文中的 quinze jours，意思是 2 週，但字面上直譯為「十五天」。

《聖經》上也可以找到一個有趣的例子。《聖經》記載耶穌是在第三天復活，不過他是在星期五下午死亡，經過星期六晚上，然後在星期日的夜裡復活。在猶

太教裡，星期六晚上就算成是星期日。星期日是在星期五的兩天後，按照包含頭尾的算法就是第三天。若照著《聖經》的算法，把復活節星期日計算在內，那麼就要在復活節後 40 天慶祝耶穌升天節，但以現代的算法則是只經過了 39 天。聖靈降臨節也是同樣的情形，若以今天的算法，是復活節過後的第 49 天，但以古法來算的話卻是第 50 天。針對中世紀以前的歷史研究，總是得處理這種包含頭尾的算法。我們不能直接相加算出各君王的在位時間，始末之年可能都會重複計算。

即使到了今天，音樂上的音程（interval）依然是以包含頭尾的算法來計算的。這就表示，intervallum 這個拉丁字是名實相副的。音程的名稱也是把頭尾兩音都算在內。因此，以現代的算法來看，一度音程的距離為 0，二度音程的距離是 1 個音，三度的距離為 2 個音，八度的距離為 7 個音。

人類的交流互動與數字脫不了關係：沒有了數字，貿易、建築、運動就會變得無法想像。數字除了是計數的工具，也是細分大數目的工具。我們該如何將空間、時間、物質、能量和其他的量加以分割，以便計算和測量？哪些數字特別適合呢？

人類將日與夜分成 12 小時，1 小時切成 60 分鐘，把一個圓分割為 360 度。這是為什麼？這麼做原因何在？說到細分，有些數可以被很多數整除。在數學上，這些數稱為**高合成數**；說得更具體些，這種數的特點就是，能夠把它整除的因數，數目多過小於它的數的因數，同時也多過可整除它的兩倍數、但無法整除它本身的那些因數的個數。很顯然，一個數的兩倍數帶有的因數，一定會比原數的因數來得多，因為多了質因數 2。有趣的是，照這樣說來高合成數只有六個，即 2、6、12、60、360、2520。對許多實際用途來說，2 和 6 兩數太小，2520 又太大了。然而 12、60、360 相對於自身的大小來說，有很多因數，所以特別適合做分割與測量。

實驗數學 (1)：測量，徒手實作

　　拇指跳眼法很簡單，可用來測量本身和物體之間大概的距離。你可以藉由大拇指來估算距離。它的原理相當簡單，就是靠視線範圍上的橫向跨距，來估計距離深度。使用一些幾何知識和幾個小技巧，就可以間接量出物體的距離。

　　下面是步驟說明：手臂向前伸直、握拳，然後豎起大拇指，閉上左眼，靠著右眼讓拇指對準目標。接著再閉上右眼，睜開左眼看向拇指，這時你會發覺拇指的位置往右跳了，我們令所跳的距離為 s，如圖 21 所示。

　　a 是兩眼瞳孔間的距離，d 是手臂伸直後從眼睛到大拇指 D 的連線距離，s 是已知或估計出的距離，而 x 是欲求出的未知距離。

　　根據我們從學校中已學過的截距定理：x/d = (s/2)/(a/2) = s/a；化簡後可得 x = s · (d/a)。

　　d/a 這個比例當然因人而異，但絕大多數會落在 9：1 到 12：1 的範圍內。為了獲得最佳結果，必須事先自行測量出來。通常 10：1 就夠精確了。無論如何，拇指跳眼法只是一種經驗法則——你想稱它拇指法則也行。

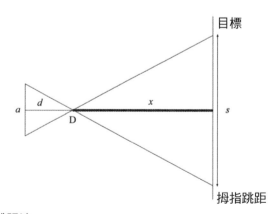

圖21：拇指跳眼法

當然，我們可以用不同的方法來數算。但對於給定的問題，不同的算法應會得出相同的結果。在還沒有計算機的時代，記帳人員在沒有電腦之前，就是用這個簡單的想法。在算出帳目表的總數時，他們會先算出各行小計的加總，再比對列的總計。如果帳目是對的，行與項的總計會相等。以圖形的方式可表達如下：

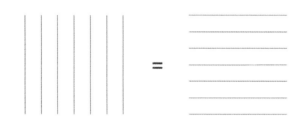

圖22：複式簿記的基本原則。行的總計＝列的總計

這個簡單且簡潔扼要的觀念，是一些數學技巧與證據的基礎，往往又會與更複雜的觀念做結合。所以，我們把這個由數字、計數、記數系統帶來的輕鬆表演，定為第二個思考工具。這是最早的定量原理之一：如果一組物件以兩種不同的方法來計數，那麼結果會是一樣的。

這個事實十分基本，學齡前的孩童都可以理解，但藉著巧妙的應用，也可以從中獲得很有趣的知識。我可不是在開玩笑。我們馬上就要化身成磨坊主人的女兒，將稻草紡成金子[2]。

有個直接推導出的結果是：如果要算出不同數字的加總，按照哪種順序或是前後次序來做加總，都無所謂。套用數學家的說法就是：加法有交換律和結合律。這並不是什麼震驚世界的事，再正常不過了。

2　編按：典故出自格林童話。

投訴欄

「我痛恨總數。將算術視為精確的科學，是極大的錯誤。譬如說，如果由上往下去計算總和，然後從下往上再計算一次，算出來的結果永遠不同。」

——**女讀者投書**，《**數學學報**》（*Mathematical Gazette*），1924 **年第** 12 **卷**

我們現在要跳回到兩百多年前，看看這個簡單原理的應用，這個應用本身很平凡，但就當時的背景來說令人印象深刻。同時我們也要以大史實中的一段小插曲，向我們的英雄表達敬意：

藍色星球之星（1）：高斯

1777 年 4 月 30 日，高斯出生於德國的布朗斯威克，父親是屠夫，母親是家庭主婦，家境非常貧困。高斯從小就展現了卓越的思考能力，許多近代數學家據此而把他視為有史以來最不凡的數學家。

七歲時，他進入聖凱瑟琳學校就讀，他的老師布特納（Johann Georg Büttner）非常嚴格。布特納必須同時面對不同年齡的學生，因此經常給一些學生很長的數學題目去計算練習，以便騰出時間照料其他學生。有一次，他要一群學生，包括高斯在內，從 1 加到 100。根據當時的慣例，學生們寫完作業後，會把寫字板交到一張桌子上，而老師會按照分數來排序。

老師出完題才過幾秒鐘，小高斯就已經在他的寫字板上寫好答案，交到桌子上，還在旁邊寫下「因為就是這樣！」這幾個字。布特納在整整一個小時裡，都帶著難以置信、憤怒和惡意，無視於高斯的表現，此時高斯則是雙手交叉，保持著不受老師干擾的態度，坐在自己的座位上等其他同學繼續計算。高斯的寫字板上只有一個數字，而且是正確答案。高斯並不是直接去求解問題，而是靠著橫向思維，把問題由繁化簡成簡短的計算。他已經展露了深刻的數學直覺，終其一生都不曾失去。在高斯向老師解釋自己的思考方法之後，布特納看出眼前這位學生是天才。而神童高斯的美譽隨即傳遍整個布朗斯威克。

高斯怎麼這麼快就能從 1 加到 100？

他的策略根據的就是我們的第二個思考工具。

首先要做個小調整，以便使用思考工具。把這些數字寫兩次，而不是只寫一次，這是靈光乍現，但也因此更加容易相加。我們把它寫成上下兩行：

$$1 + \ 2 + \ 3 + \ 4 + ... + 98 + 99 + 100$$
$$100 + 98 + 98 + 97 + ... + \ 3 + \ 2 + \ \ \ 1$$

然後我們把上下兩個數相加，而不是逐行加總。第一列的相加結果為 1 + 100 = 101，而第二列為 2 + 99 = 101，第三列為 3 + 98 = 101，以下類推。很明顯的，重點在於把它變成 100 個 101 的總和。結果就得到 100 · 101 = 10100，而這是從 1 加到 100 的總和的兩倍。因此，從 1 加到 100 的總和是

$$1 + 2 + 3 + ... + 100 = 10100 / 2 = 5050$$

又快又巧妙。

也就是說，高斯發現了另一種求和的方法，在這個方法當中，每一組數字和的值永遠相同，而且有多少組也很清楚。這正是富比尼原理簡單卻極為巧妙的應用。

如果我們用圖像來表示高斯策略的一般情形 $1 + 2 + ... + n = n(n + 1)/2$，就是：

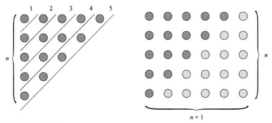

圖23：高斯策略的圖像表示

我們就以另一個漂亮的例子來結束這一章。

假設我們要從一個有 n 名學生的班級裡，選出學生代表派到校長那邊去。如果學生代表的人數至少要有兩位，有幾種選法？

其中一個做法是，把學生代表人數有 2 或 3 或 4……或 n 位的所有情形全算出來。這會是許多個別項的加總，計算起來很繁瑣。另一個思考方法則是，每個學生都有 2 種可能：獲選為代表，或者沒有獲選為代表。因此對 n 個學生而言，就會有 2^n 種可能。但在這種算法中，只含一位和全班 n 位都含進去的情形都算進去了。這兩種情形必須扣掉，所以總共有 $2^n - n - 1$ 種選法。

3. 奇偶原理

我們可以從問題是否可能具體區分成兩個互不重疊的類別，來得知問題有沒有解嗎？

父母之間的性別差異，是傳宗接代的先決條件。
　　　　　　——出自政治教育資訊第 206 號：德意志聯邦共和國的家庭

　　人類這種生物，發明了分門別類。科學及日常生活中充滿了物種、屬、綱目、時期、部門、組別和構成要素。幾乎所有的事物都能經過排序、分類與歸類。最簡單的分類形式是對整體事物的二分法：偶數和奇數、暗與亮、靜與動、白與黑、陰和陽。

　　我們不斷地按此簡單的原則，把這個多樣化的世界劃分成二元對立的世界。舉例來說，現在想一下你所有的朋友，並將他們分成理性和感性兩組。除了幾個模稜兩可的情況，這個任務通常並不困難。理性與感性這兩種概念，大致上算是明確的概念，但即使用不同的類別，通常也很容易歸類。例如我們可以考慮藝術史家宮布里希（Ernst Gombrich）想出的「乒」與「乓」的用語。雖然是不具定義的藝術用語，但仍然可以輕易做為劃分世間事物的明確類別。針是什麼？當然是「乒」，就像星星、鉛筆、碰撞、政變。那麼一本書呢？大概是「乓」，就像湯匙、抹布、傳說、方向盤、愛撫。此外，就像先前我們把朋友分成理性與感性兩類，你肯定也能把東西分成乒與乓兩類。這個例子正說明了人類心智的靈活度以及想要化繁為簡的傾向，甚至碰到本身毫無意義、未定義的類別，譬如乒與乓，也絲毫未減。

　　哲學上的有趣二元分類法，是分類為左右兩種空間。事實上，我們可以將空間概念哲學化與數學化。康德（Kant）與維根斯坦（Wittgenstein）正是思索過左右二分哲學的兩位思想家。康德拿左右手為例，說：「還有什麼會比我的手或耳朵在鏡子中反射的影像，看起來更像、且在各方面都等同於我的手或耳朵？儘管

如此，我可以在鏡中看到一隻手，它並不在原來的位置上，因為如果它是右手，在鏡中會變成左手，而鏡中的右耳事實上是左耳，但絕對不能替換前者。只在沒有內在差異下，才能思考任意放置的可能性；但就感官上而言這個差異是內在的，因為左手與右手雖然彼此相等且相似，卻不能包含在同樣的界限內（它們不可能全等），一隻手的手套不可能戴在另一隻手上。」

在同一段落中，他還寫道：「因此我們可以分辨相似、相同但不全等的事物之間的差異（例如蝸牛的螺旋），不是經由單一的概念去理解，而是透過左右手的關係，以直覺的方式來察覺。」

維根斯坦對於同一主題是這麼思考的：「康德的左右手問題，也就是無法讓左右手重合的問題，已經存在於平面上甚至一維空間中，譬如下面這兩個全等的圖形 a 和 b：

也不可能彼此重合，除非可以搬移到這個空間外。其實左右手絕對是全等的，但這和它們不能夠重合，並無關係。倘若能在四維空間中旋轉，就可以把右手手套戴在左手上。」

左和右的語言學

在 1970 年，美國的一個洗衣粉製造商在沙烏地阿拉伯的媒體上刊登了一則廣告，推銷一款新上市的肥皂粉。在廣告的左邊我們可以看到一堆髒衣服，中間是一個洗衣槽，上面浮著一堆肥皂泡沫，右邊是一疊潔白如新的衣物。廣告詞譯成阿拉伯文後是這麼說的：「輕輕鬆鬆，你的髒衣服迅速就會像這樣。」許多阿拉伯人看了廣告後都笑了，因為他們是從右邊讀到左邊。

——沃克 · 尼爾（Volker Nickel）：《大家都為了自己》

再補充一下康德對於這個主題的思考。他在別的地方做了一個思想實驗，假設上帝要創造人類的手。「不過，假如我們想像祂所造的第一個部位是手，那就

應該是左或右手的其中一隻（……）。」

由於左右手是全等的，但又不能互相重合，所以康德認為，只有絕對的空間可以作為參考準則，來判定所造的是哪一隻手。否則的話，那隻手就沒有明確的定義，如果接下來上帝造了一個沒有手的身體，那麼就可以任意把手接在左邊或右邊，但這顯然是不可能的事。

也算是奇偶概念

　　如果你一腳穿著咖啡色鞋子，另一腳穿著黑鞋，那就意味著你的鞋櫃裡也有這樣的一雙鞋。

上個世紀中葉之前，物理學家一直認為宇宙是沒有左右之分的。這個概念也可以換一種說法：如果自然律允許某個過程發生，那麼也會允許該過程的鏡像發生。或者說：如果有人把某個事件的影片放給你看，而且這支影片左右顛倒了，那麼光憑自然律的知識，你說不出哪裡出錯。這就是物理學家所說的「宇稱守恆」，這個概念是說，如果所有的空間坐標同時做了鏡射，該系統中的物理關係和定律仍保持不變。如前所述，物理學界一直認為，整個宇宙是左右對稱的——直到 1958 年[3]。在那一年，已做出實驗證明某些基本粒子的自旋方向幾乎總是轉向左旋，雖然它們處於一個完全對稱的環境下。

定義左與右的問題，稱為奧茲瑪（Ozma）問題。用小朋友能懂的說法來講，就是：「左手是大拇指朝向右邊的那隻手。」你可以看到，由相反的概念來陳述某個概念，的確行得通，但這依舊沒有解決定義的問題。看樣子，我們的任務是必須定義左和右的絕對意義是什麼。

假設我們收到來自 X 行星的無線電波訊號，而 X 行星距離地球十分遙遠，我們和 X 行星上的居民都觀測不到彼此之間有其他天體在運行。再假設，X 星人有**拉瑪**和**喇瑪**兩個詞彙，我們知道它們是指右和左的意思，只是不知道哪個指

3　編按：提出「宇稱不守恆」的是華裔物理學家楊振寧和李政道，兩人因此理論在 1958 年獲諾貝爾獎。

左、哪個指右。此外,他們還用卡馬與反卡馬來描述旋轉的方向。他們用哇馬和歐馬來代表方向,用沙馬與那馬來指稱行星的兩極方向,這些用語就像是我們的東、西或南、北,但我們同樣不知道哪個代表哪個。

我們要如何猜出哪個字是指左邊、哪個字是指右邊?

也許有人告訴我們,在 X 行星上看著太陽升起時的方向就是歐馬。但 X 行星自轉的方向說不定與地球不同,所以歐馬是指西方而不是東方。也許我們還得知,如果他把自己的喇瑪手的手指彎起來,手指頭所指的旋轉方向為卡馬。但我們並不知道喇瑪手是左手還是右手,所以我們也不曉得卡馬到底是順時針還是反時針方向。你或許會想,我們可以向 X 星人發送出圖片,可是我們當然不知道他們是習慣由左到右掃描圖片或是從右到左,而且他們也無法告訴我們。所以我們有可能把他們的圖片全都印反了。

這就是奧茲瑪問題,而且直到五十年前,都沒有辦法讓 X 星人理解我們的左右,或更該說是沒有辦法得知他們的左右概念。要等到 1958 年之後,「宇稱守恆」被推翻,才有了以下這種可能:有一位物理學家首度描述了,該如何藉由實驗製造出一束左旋的基本粒子。接著他表示,X 星人手掌朝上(即從 X 行星的中心往外指)時,若大拇指與粒子流動的方向一致,那就是左手。就這樣解決了這個問題。

這也是「左右不對稱」

你是往右傾還是往左傾?想像你是在接吻;有 64% 的人會把頭朝右傾斜。

把數字分類成奇數或偶數,在數學上扮演了極為重要的角色。我們來舉個例子:你找一個人,請他從錢包裡抓取一把硬幣,隨意放在桌上,就像這樣:

圖24：利用奇偶性來變硬幣戲法

然後你轉過身去，請對方任選幾枚硬幣翻面，但每翻一次他就要說「翻面」。最後，再請他用手蓋住一枚硬幣，之後你轉過身，察看一下攤在桌上的硬幣，就可說出他蓋起來的那枚硬幣是正面朝上或是反面朝上。

　　這個戲法是根據奇偶性守恆與奇偶檢驗。在你轉身之前，要先暗地裡數一數有幾枚硬幣是正面朝上的，並且記住這個數目是奇數還是偶數。如果一共翻面了偶數次，正面朝上的硬幣個數的奇偶性（即它為奇數還是偶數）就維持不變，會和遊戲開始時一樣；但要是翻面了奇數次，奇偶性就會改變。只要看一眼最後桌上有多少硬幣是正面朝上的，你就可以推斷出蓋住的那枚硬幣是哪面朝上。這個遊戲還有另一種玩法，是讓對方在最後蓋住兩枚硬幣，然後預測這兩枚硬幣是不是同一面朝上。

　　在錯誤檢查碼的設計上，會使用到奇偶檢驗，這也是類似的情形。所謂的碼就是一種指令，可轉換需傳輸的訊息，通常是轉換成符號 0 和 1 組成的字串。在資料（即 0-1 字串）的傳輸過程中，可能會發生錯誤，導致資料的變化（即 0 傳輸成 1 或 1 傳輸成 0）。在可能的情況下，應該把這些錯誤偵測出來，而這通常要透過插入額外的資訊來達成，像是添進一個檢查位元。於是，指令碼就包含了待傳輸的資料，譬如：

01100010100001100

以及加在尾端的檢查位元。如果資料字串中包含奇數個 1，檢查位元就等於 1，否則為 0。也就是說，傳輸資料和檢查位元總共包含偶數個 1。假如資料和檢查位元傳輸正確，整個資料中的 1 的個數才會等於偶數。若其中一個位元傳輸錯誤（0 傳輸為 1 或 1 傳輸為 0），1 的數目就改變了，奇偶性也會跟著變。所以，我們可以從奇偶性的改變來偵測出錯誤，讓資料再重新傳輸一次。

這個簡單的奇偶檢驗碼至今仍是不完美的，像是當出現了偶數個錯誤，仍會通過奇偶檢驗，因此通報為傳輸無誤，錯誤就未被偵測出來。除此之外，奇偶檢驗碼也不會顯示究竟哪裡出錯。就此而言，這簡單的奇偶檢驗碼雖然能局部找出錯誤，但無法「更正錯誤」。

如果需要一個具有這種額外功能的檢驗碼，就必須投入更多努力。有個方法出自美國數學家漢明（Richard Hamming, 1915-1998），我們把這種特殊的形式稱為 (7,4) 區塊碼。下面這個長度為 7 的字串中，每個區塊 abcd 都是由 0 和 1 組成，再添加巧妙選擇的三個核對位元 uvw：

abcduvw

這樣一來，就能在偵測到錯誤時，找出其位置並更正錯誤。為了說明它的原理，我們來看看圖 25：

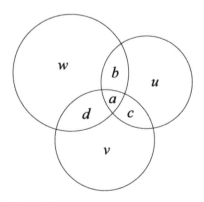

圖25：(7,4) 區塊碼核對位元的結構

字母 a 位於三個圓的交集，字母 b、c、d 放在兩個圓的交集。至於核對位元，就放在兩圓或三圓交集以外的地方，它們的值也定為 0 或 1，而且需滿足下列的三個方程式：

$$1.\ a + b + c + u = 偶數$$
$$2.\ a + c + d + v = 偶數 \qquad (8)$$
$$3.\ a + b + d + w = 偶數$$

因此，假如在資料傳輸的四個區塊中，a = 0，b = 1，c = 0，d = 1，我們就得解出下面的方程組：

$$1 + u = 偶數$$
$$1 + v = 偶數$$
$$2 + w = 偶數$$

這並不困難，直接就看得出解為 u = 1，v = 1，w = 0。

　　這個附加了核對位元的檢查碼，可以修正錯誤到何種程度？如果在 abcduvw 字串中發生一個錯誤，則在 (8) 式中有幾個總和將會是奇數：若錯誤發生在 a，(8) 式中的三個和全都會是奇數，錯誤若發生在 b、c 或 d，則其中兩個和會是奇數（錯誤發生在第一與第三個方程式，代表 b 出錯；錯誤發生在第一與第二個方程式，代表 c 出錯；若錯誤發生在第二與第三個方程式，代表 d 出錯）。如果錯誤出現在 u、v 或 w 的話，只有一個和會是奇數，不是第 1 就是第 2 或第 3 項。按照這個方式，(7,4) 區塊碼就可以偵測出每個錯誤，並準確地確定出錯位置。等偵錯完成，隨後就能除錯。這個檢驗碼真是巧妙極了！

　　奇偶性這個詞，不僅可用於區分奇數和偶數，還能用於一般情況，延伸到任何兩個互斥的集合 A 和 B。如果兩個數（或一般的兩個物件）具有相同的奇偶性，

意思就是指兩數都是偶數或奇數（或兩物件都屬於集合 A 或集合 B）。否則我們就說，它們（數或物件）的奇偶性不同。接著我們要看兩個特別富有啟發性的例子，奇偶原理是其中的要角。

例 1：騎士問題

　　想像一個 n × n 的西洋棋盤，有個騎士棋子，可擺在任何一個棋格上。這個棋子要照著西洋棋中騎士的規定走法，把棋盤上的每一格都走過一遍。問題來了：n 是不是奇數？

　　我們由奇偶性的概念，來說明不可能是奇數。如果 n 是奇數的話，就可以把它寫成 n = 2m + 1，其中 m 為某個自然數或是 0。如此一來，

$$n^2 = (2m + 1)^2 = 4m^2 + 4m + 1 = 2(2m^2 + 2m) + 1$$

從這邊可以知道，棋盤格數為奇數。因此，白格與黑格的數目剛好差 1。下圖是 n = 3 的情形：

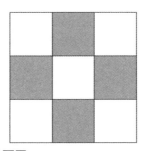

圖26：白格數與黑格數的奇偶性不同

到目前為止我們達到多少成就了？只有一丁點：我們知道，白格數與黑格數的奇偶性不同。顯然只進展了知識的最小單位。但是這點知識已經夠用了。我們只需要熟練運用：由於騎士的每一步都是從黑格走到白格，或白格到黑格，也就是黑

白格子數目的奇偶性必須相同，這樣騎士才能把所有的棋格都走過一遍。但 n 是奇數時，奇偶性不同，所以騎士的移動路徑不可能把每一格都走到。

有力的數學建構真是密實又美妙的。奇偶原理在這邊沒有遇到太大阻力。

下一個應用中，奇偶原理發揮的作用就更強大了。

例 2：推盤遊戲

在一個方框裡放置了 15 個依序編號的方塊。遊戲開始之前，方塊排列的方式如下：

1	2	3	4
5	6	7	8
9	10	11	12
13	15	14	

圖27：推盤遊戲板上的起始方塊位置

除了數字 14 和 15 的位置對調，其他的方塊都是由小到大依序排列。一開始在右下角留了空位。這個遊戲的目的，就是要靠合適的移動方式，讓所有的方塊從 1 至 15 按照順序排列。空格周圍的方塊，可以水平或垂直推到空位上，這樣一來，相鄰的方塊與空格就可互相對調位置。方塊可以移動，但不可取出。

這個數字推盤遊戲是在 1878 年，由美國的天才謎題設計者洛伊德（Samuel Loyd）發明的。他的名字和許多巧妙的謎題連在一起。他可能是有史以來最著名的謎題設計專家，設計了超過 5000 個複雜謎題，從西洋棋問題到數學問題，他也在我多年的解謎過程裡帶給我許多歡樂。在此利用很短的時間對洛伊德的貢獻致敬：

> **一首自創的五行打油詩**
> 威爾巴克羅伊特小鎮的鎮長
> 是洛伊德的粉絲。
> 為了紀念洛伊德——他才剛上任
> 他要頒布一個拼寫方式的改革。
> 將 Doyt 這個地區的名稱一律改成 Loyt
> ──**出自作者的打油詩體悟：所有關於洛伊德的軼事**

　　洛伊德提供一筆 1,000 美元的獎金，給第一個成功破解的人。這個遊戲風靡一時，大街上、馬車上、辦公室裡和商店裡的人，全都在解謎，而且不少人完全沉浸在其中，甚至進入了德國國會殿堂，「我還記得在國會裡看到頭髮花白的人，全神貫注在他們手上的小推盤。」當時在國會擔任觀察員的數學家岡特（Siegmund Günther）這樣說。國際間彌漫的這股解謎熱潮在 1880 年左右達到高峰，不久之後就突然消退。因為一個精細的數學分析揭露了，這個謎題根本無解。

　　這個分析根據的正是奇偶原理。在這裡，要正式運用奇偶概念之前，還需要更多的準備工作。相關的論證如下：令 n_f 代表空格在第幾行，n_i 是某組方塊排列形式的倒置個數。只要數字大的方塊位置在數字小的方塊之前（如果某一行的左上方是空格，就讓空格逐行移到右下方），就稱為倒置。有趣的是，在按部就班進行之下，$n = n_f + n_i$ 的奇偶性會保持不變。若對任何一種方塊布局，n 必為偶數，則按部就班推移出來的所有結果的 n 值，也一定是偶數。這當然需要進一步解釋。為什麼會這樣呢？

　　首先：把方塊水平移動，既不會改變空格所在的行的位置，也不會影響倒置的總數，所以 n 保持不變，這是一個簡單的開始。

　　其次：如果把方塊垂直移動，會發生什麼事？我們就假設方塊 a 在空格的上方，而 b、c、d 的位置如圖 28 所示。

	a	b	c
d	空格		

圖28：推盤遊戲的分析

　　如果現在把 a 推到空格，就改變了空格行數的奇偶性。那麼倒置的總數有沒有改變呢？這個動作只改變了 a、b、c、d 之間的相對位置。但所有其他兩兩之間的關係保持不變。若 (a,b)、(a,c)、(a,d) 都沒有形成倒置，即表示 b、c 和 d 全都比 a 大，那麼把 a 移至空格，就導致 3 個額外的倒置，亦即添加了奇數個倒置。如果 b、c、d 當中剛好有一個比 a 小，就是有一個倒置，而把 a 移至空格之後，新的位置就相對提供 b、c、d 兩個倒置。在這個情況下，n_i 的變化為 1，仍是奇數。剩下的兩個情形（即 b、c、d 的其中兩個或三個小於 a），也會改變 n_i 的值，而且變化值使得 n_i 成為奇數（即 –1 或 –3）。所以 $n_f + n_i$ 這個和的變化值永遠會是偶數，於是不管你怎麼移動方塊，$n = n_f + n_i$ 的奇偶性維持不變。

　　以上就是主要的論證重點。若想讓論證更充分，只需注意初始位置的 n 值是 5，因為 $n_f = 4$ 且 $n_i = 1$，而最終目標的 n 值會變成 4，因為 $n_f = 4$ 且 $n_i = 0$。初始位置和最終目標狀態的 n 值，奇偶性不同，因此不可能按部就班地從一種排列推到另一種。

　　這就是推盤遊戲的解法——是個高難度的鑑賞等級論證：它的藝術性不在其複雜，而在於巧妙運用奇偶原理之前的準備工作。這是個深具教育價值的最佳範例：如果你像我們一樣，在數學的道路上隨時睜大眼睛，就會經常碰到意外的驚喜。

4. 狄利克雷原理

完全的無序是不可能的。如果 n + 1 個物件要任意存放在 n 個格子內，
至少會有 1 個格子放了 2 個物件。

如同弗蘭克對上塞薩洛尼基（Thessaloniki）球隊的比賽一樣，

總要有兩或三個人才能阻擋他。

如果只有一人防守，就擋不住他，或者就只能犯規，

但這也給其他隊友提供了機會。

若是有兩人防守弗蘭克，就必須有一個人自由防守。

——對巴伐利亞球隊經理烏利 · 赫內斯（Uli Hoeneß）的訪問

《南德日報》，2007 年 12 月 21 日

　　我們每天都會經歷各種不同程度的混亂狀況。我們的人生一直處在井然有序
與最大失序的拉扯之中。

　　根據哲學家斯賓諾莎（Spinoza）的定義，秩序是一種主觀的類別，而不是
客觀的系統性質。就像美麗是主觀的觀念，秩序也是。儘管如此，科學還是發展
了一種量度來測量秩序，更確切的說，應該是測量失序，做出客觀的量化。這個
量度就是熵（entropy）。entropy 這個字是從希臘字 entropia 而來，把這個字拆開
來看，en =「在」而 tropi =「變化」。大體上，我們可以為系統的每個狀態指
定一個熵值。粗略來說，熵值低代表高秩序；熵值高，則代表低秩序，或說是高
亂度。

攪拌布丁的真實狀況

　　「當你攪拌著米布丁的時候，裡面的果醬會任意擴散且形成紅色的軌
跡，就像我的天文圖中的流星軌跡。但如果你反方向攪拌，果醬就不會繼續
混合了。事實上，布丁不會注意到這個變化，而仍然像之前一樣呈粉紅色。」

　　——湯姆・斯托帕德（Tom Stoppard）：《世外桃源》（Arcadia），

> **第 1 景第 1 幕（這部劇作中，熵的主題出現在好幾個地方）**

無序的最大限度在哪裡？讓我們再從數學的角度來解釋此問題。組合數學中的拉姆齊理論（Ramsey Theory），就是在探討有序和無序之間的關係，尤其是在大型系統中（無論是宴會上的人群、位於平面上的點，或者是夜空中的星星），是否存在高度規律的模式。若以白話來說，拉姆齊理論的含義就是：並沒有完全的無序。心理學家榮格（C. G. Jung, 1875-1961）也說過：「在每個混沌中都有個宇宙，在每個無序中都會隱藏著秩序。」

說得專業和正式一些：如果把足夠大的系統任意分割成有限多個子系統，則至少會有一個子系統帶有某種秩序。就這方面來說，拉姆齊理論研究的問題就是，在何種情況下，可在無序的大系統中找到有序的區域。在足夠大的基本數量下，不論物件如何混亂，裡面始終存在一部分是具有組織、有秩序的。應用拉姆齊理論的標準情況，是去找出保證會有某種性質存在的最小子集合。

以下是個很容易處理的例子：必須找來多少人，才能保證至少有兩人在同一天（不必同一年）生日？答案非常簡單；因為包括 2 月 29 日在內，總共有 366 天，所以你必須找 367 人，這樣就可以保證至少有兩人的生日在同一天，不管是這群人中的哪兩人或是在哪一天生日都無所謂。如果只有 366 人，無法百分之百肯定其中有人同一天生日。有可能這 366 人的生日碰巧都不同天，也就是生日都不重疊，雖然這種可能性微乎其微。但如果是 367 人，就能百分之百確定至少會產生一個重疊的生日。

下面要討論的問題，是拉姆齊理論的另一個原始問題，只不過披上了不同的外衣。

友誼社會學

數學聯隊的統計小組成功達成了下面的陳述：任意選 6 個人出來，則其中總有 3 人彼此是朋友，或是其中有 3 人互不認識。在此，友誼是指一種對稱的關係：如果 A 是 B 的朋友，B 也是 A 的朋友。

我們應該把這盛讚為了不起的社會學大發現？

完全不必。這只是 6 人小團體很普遍的數學性質。

在我看來，最簡單的解釋方式是把相互關係畫成圖形：圖中的點代表人，如果兩人彼此是朋友，對應的兩點之間就連黑線，若兩人不是朋友，則連灰線。圖 29 畫出了安東（A）、彼特（B）、卡爾（C）、唐納（D）、恩斯特（E）與弗里茨（F）之間的朋友關係。

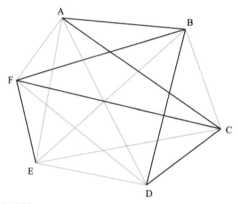

圖29：6個人之間的關係圖

安東、唐納和恩斯特互不相識，圖中也呈現出這件事。在 6 人的情況下，每個頂點都可畫出 5 條邊，所以共有 6 · 5 = 30 條邊。如果照這樣計算，每條邊都會重複算兩次，因為從 A 開始到 B 結束的線段和從 B 開始到 A 結束的線段是一樣的：它描述了 A 和 B 的關係：是或不是朋友。考慮到這一點，在 6 人的關係圖中只有 15 條邊。每條邊可以是灰線或黑線，不受其他的邊影響。因而在 6 人之間，共有 2^{15} 種不同的關係模式。統計學家注意到，不論怎麼畫，圖中始終會有一個單一顏色的三角形。在圖 29 中，它是頂點為 A、D、E 的三角形。那為什麼這會是普遍的狀況？

答案可以利用下列的方式找到：假設 P 是集合 {A，B，C，D，E，F} 中的元素，也就是圖上的其中一個頂點。從 P 連出去的 5 條邊，必有至少 3 條同色（例如灰色）。假設我們把這 3 條灰線連到 Q、R、S 三點。如果 QR、RS、QS 的其中一條為灰線（譬如 QR），我們就會有一個灰色三角形，即 PQR。若 QR、RS、QS

都是黑色，顯然就形成了黑色三角形。所以，一切再清楚不過了。因此這個「了不起」的社會學大發現，其實就只是圖形結構上一種簡單、但需要知道的數學事實。這意味著，即使整體看來是無序的，仍一定會有某種局部秩序。這個定理有時也被稱為「友誼定理」。

你也可以把它變成一個遊戲：譬如古斯塔夫 · 西蒙斯（Gustavus Simmons）設計的遊戲 SIM。這個遊戲需要兩名玩家，我們稱之為灰與黑，遊戲在木板上進行，木板上有 6 個點（頂點）。每個點都經由一條未著色的線段（邊）連到其他的點。遊戲就是由灰方和黑方輪流在線段填上「自己的」顏色。玩家的任務是不要讓自己的顏色形成一個三角形。誰做出這種單色三角形，誰就輸了。

我們上述的想法顯示，這個遊戲不會出現平手的狀況。歐內斯特 · 米德（Ernest Mead）和他的同事甚至證明，在完美的情況下，第二個玩家一定會贏。不過，這個遊戲到目前還沒有容易記住的必勝策略。

我們回過頭把幾個想法再思考一遍：就像前述的生日問題，友誼定理的基礎概念其實用到了下面這個簡單的事實：

如果有 n + 1 個東西要分配到 n 個抽屜，那麼至少會有一個抽屜放了超過一個東西。

或者說得稍微複雜些：

如果有超過 k · n 個物件要分配到 n 個抽屜，至少會有一個抽屜放了超過 k 個物件。

這就是狄利克雷的抽屜原理，也稱為鴿籠原理。不需要龐大的深思熟慮，隨手可得。幾乎不需要解釋，而且幾乎跟富比尼原理一樣有用。

這個原理連小朋友都可以理解。在友誼定理中，這個原理就變形成：「從一

點 P 連出去的 5 條邊，至少會有 3 邊同色。」在這裡，n＝2，而 2 個抽屜就相當於 2 種顏色。上述的 5＝2・2＋1 條邊，相當於要放進抽屜的物件，也就是要著色的邊。然後，至少有一個抽屜放了超過 2 條邊，亦即至少有 1 個顏色出現超過 2 次。

下面這句敘述是另一個例子：在 n 個人組成的群體中，至少有 2 人在這群人裡認識的朋友數是一樣多的。這件事並不是一下子就能明白，你可以回想一下鴿籠原理，還有以下這件事：如果 n 個人中的每個人的朋友人數都不同，這樣就必有一人會有 n－1 個朋友，而且有一人會有 0 個朋友。這兩個情況不會同時成立。因此，我們毋須討論。

鴿籠原理給人的第一印象是簡短、沒什麼用處。少於 3 人時，至少 2 人同性別。如果 10 名兒童前往耶路撒冷，但只有 9 把椅子，會有 1 個孩子沒椅子坐。然而，鴿籠原理雖然簡單，應用卻非常廣泛，帶出極為豐富的結果。在實際應用時，有兩個步驟必須先釐清。

1. 確定你想要描述什麼物件；其中有至少某個數量會帶有某種性質。
2. 確定你想要把物件放進什麼樣的抽屜，也就是某組類別；性質相同的物件永遠要放進相同的類別，而且每個物件至少屬於其中一類。

物件與抽屜都確定之後，接下來就只取決於相對數目了。如果物件比抽屜多，那麼至少會有一個抽屜裝兩個物件，因此在這種情況下，至少會有兩個物件具有相同的性質。這個事實本身沒有令人不安，但適度應用它，我們可以做出許多有趣的結果。這個原理在簡單和深刻之間搭起了橋梁。

5. 排容原理（取捨原理）

我們能不能從比較容易計數的子集合，來算出某個集合中的元素個數？

本台機器可以辨識出你每次投入的空瓶數量。

——柏林 Kaisers 超市飲料空瓶回收機上的告示

在許多關於形式思考的問題裡，數量的計算扮演了重要角色。這表示我們要去算出具有某些性質的物件的個數。是的，計算！「請告訴我天上有多少顆星星……」即使像數算這麼基本的程序，都可以是實施巧妙數學方法的起點。在數學術語中，我們把集合的大小稱為**基數**。數學家康托（Georg Cantor, 1845-1918）把**集合**定義為「我們的直觀或思維明確定義出來的一群物件所形成的全體——這些物件稱為集合的元素」。有時候我們碰到的問題，就是要定出集合 M 中的元素個數，而這些元素會具有 E_1、E_2、E_3、……、E_n 這幾個性質中的至少一項。若 A_i 是 M 的子集合，每個 A_i 裡的元素具有性質 E_i，則上述問題就變成是要定出集合 A_i 的聯集的基數。利用數學符號來表示就是：

$$|A_1 \cup A_2 \cup ... \cup A_n|$$

在這裡，符號 $\cup$ 代表兩個集合的聯集，而符號 $|A|$ 則代表集合 A 的基數。

在某些情況下，很難直接定出基數的值，但是相較之下，則不難找出集合 M 中有多少元素至少具有上述性質中的一種性質（此個數就是基數 $|A_i|$）、有多少元素至少具有其中兩個性質（即基數 $|A_i \cap A_j|$）、有多少元素至少具有其中三個性質（即基數 $|A_i \cap A_j \cap A_k|$）等等。符號 $\cap$ 代表交集。最後，我們可以把具有至少一種上述性質的集合 M 元素的個數、至少具有第一、第二、第三等等性質的元素個數，以及同時具有其中多個性質的元素個數，這三者間的相互關係寫出來。

有時我們所碰到的問題，是要找出不具有 E_1、E_2、E_3、……、E_n 當中任一性質的元素個數。由下面這個關係式：

$$| 非 A_1 \cap 非 A_2 \cap ... \cap 非 A_n | = | M - (A_1 \cup A_2 \cup ... \cup A_n) |$$
$$= | M | - | A_1 \cup A_2 \cup ... \cup A_n |$$

可知這個問題跟前面談到的問題是密切相關的。「非A」是表示集合A的補集（或稱餘集），也就是宇集中不屬於 A 的所有元素所成的集合，而兩個集合的差集 A－B，則代表屬於 A、但不屬於 B 的元素所成的集合。

以下是一些關於計數的基本原理，這些原理不言而喻，包括：

- 由物件組成的每個群組M，都可指派一個數 | M |，稱為 M 中的物件個數，或 M 的基數。
- 若 M = A ∪ B 和 A 以及 B 沒有重疊，亦即沒有包含共同的元素，則 | M | = | A | + | B |。

第一項原理就在說，計數是有意義的。第二項原理是說，我可以藉由計數來建立不同的群組，然後計算各群組的大小並且能夠加總。這就是「分治法」。應該沒有人會對這個關於計數的指導原則有所疑問。

康托把集合描述成一群物件所形成的全體，似乎是很合理的定義，很難想像這會惹來什麼麻煩。然而事實還真是如此，現在就要來談談。我們將會看到，在康托看似不尋常的集合世界裡，突然冒出了傳統邏輯無法理解的現象。

如果一個集合是一堆物件的集合體，那麼它本身也是一個物件。我們能夠把這樣的物件聚集起來，組成所有集合的集合嗎？

令人吃驚的是，不能這樣做！所有集合的集合，在概念上是矛盾且毫無意義的。這是為什麼呢？我們暫且假設，所有集合的集合是個有意義的結構。我們令它為 K。若 K 是有意義的結構，它就會是一個集合，因此它自己也是包含在集

合中的元素。於是，就有了包含自己的集合。當然也有一些集合，並沒有包含自己（這些就是我們熟悉的集合），譬如偶數集合。現在，我們把這些集合全加在一起。簡言之，我們又引進了一個集合 N，是由沒有包含自己的所有集合所組成的。如果這兩種「所有集合的集合」都是有意義的概念，那麼 N 當然是 K 的子集合，換句話說：N 是 K 的元素。

現在，關鍵且複雜的問題來了：N 是不是 N 本身的元素？N 是 N 自己的元素；N 不是 N 的元素。請把不符合的答案刪去！

假設是第一種情況，那麼「N 不包含 N」也必定同時成立，因為按照 N 的定義，N 只能包含那些不包含自己的集合。所以我們只好斷定：N 不是 N 自己的元素，於是得到矛盾。因此最初的假設，即 N 是 N 自己的元素，就是錯的。

同樣地，在相反的假設下，N 不是 N 的元素，所以 N 不會包含自己。但其實 N 仍包含在 N 之中，因為根據 N 的定義，N 所包含的那些集合都沒有把自己包含在內。我們的論證又再次得到矛盾。

禪與處理矛盾的藝術

有限的數顯然可用有限個字母來代表。譬如 19 這個數，可用德文來表達成 Neunzehn（19）、Fünfzehn plus vier（15 加上 4）或者是 größte Primzahl kleiner Zwanzig（小於 20 的最大質數）。

即使是非常大的數，譬如十億，也都能用 29 個德文字母來表達（即 Tausend hoch Tausend hoch Tausend，意思是「一千的一千倍的一千倍」）。那下列的 n 是什麼數？

令 n 是不超過 100 個符號所能表達的最小的數。（Es sei n die kleinste Zahl, die sich nicht mit weniger als 100 Symbolen definieren lässt.）

上面這個德文句子剛好用了 77 個符號，不到 100。所以我們可以用少於 100 個符號來描述 n，雖然 n 已經明確定義了，但事實並非如此。在可用言語形容與無法用言語形容的交界處，就產生了一個悖論。

這個「難以定義之數的悖論」，可追溯到一位姓名叫貝里（Berry）的圖書館員，他後來向數學家兼哲學家羅素求助。這是最後引發古典集合論基

礎危機的諸多悖論之一。這個悖論讓我們再次意識到，關於「集合」這概念的單純定義，會導致邏輯困境。

我們想建構出所有集合的集合，結果陷入了邏輯矛盾。這個矛盾的狀況就以羅素來命名，稱為羅素悖論。

這個悖論也可以用不那麼正式的說法來描述：有位理髮師負責替村莊裡不刮自己鬍子的男士刮鬍子，而且只幫這些人刮鬍子，那麼這位理髮師該為自己刮鬍子嗎？這是個古老的集合論難題。另一個較少人提及的版本，是這麼說的：有一本手冊，列出了所有沒把自己列入的手冊，而且只列出這樣的手冊，那麼這本手冊有沒有把自己列進去？

我們已經看到，從康托給的不起眼的定義所建構成的集合，竟會自相矛盾。這是不是表示數學是不一致的？我們應該把所有的數學家培訓成哲學家嗎？先不用這麼快下定論！所謂的「公理化集合論」，就採用了不同於康托的方法來探討集合的概念。它是從一些基本公理，定出處理集合的規則，想辦法讓那些邏輯上沒有意義的實體，譬如所有不包含自己的集合所成的集合，根本不會出現。

日常生活中的集合論

「過去我很容易感冒，有時候還會經歷到兩個感冒的交集——前一個感冒的餘威與後一個感冒的初期症狀交疊在一起。」

——引自馬克斯・哥爾特（Max Goldt）：《難以置信》

計數有時候並不容易。關於這一點，從下面這個問題你就能感受到：在 49 選 6 的樂透中，從 1 到 49 選出 6 個號碼的可能組合共有多少種？當彩券公司開出中獎號碼 Z_1、Z_2、……、Z_6 時，至少中一個號碼的可能組合有多少種？對現階段來說，這些都不算簡單的問題。

計數絕對可以成為一門藝術。處理這種藝術形式的數學分支，正是組合數學。組合數學的目的之一，是替複雜的計數問題發展出精巧、盡可能普遍適用的計數策略。針對這些目標，有不少時而簡單、時而複雜的方法；這些策略都是巧

妙的計數法，不需要太多步驟。

　　有時候，改變一下計數方法是相當有用的。如果發現要計數集合裡具有性質 E 的物件會有困難，我們可以試著計數那些沒有性質 E 的物件。譬如像剛才提到的，想要算出至少中一個號碼的所有可能彩券組合，似乎就屬於這一類的問題，因為你必須算出剛好中一個號碼的所有組合數、剛好中兩個號碼的所有組合數，以此類推。我們也可以用比較簡單的方式，先算出六個號碼**都沒有中**的所有組合數，然後用**所有**可能的組合數減掉這個數。

　　下面是組合數學的另一個基本原理：如果做某件事需要前後兩個步驟，那麼完成這件事的方法總數，就等於第一個步驟可採用的方法數與第二個步驟的方法數相乘的乘積。這個法則稱為**乘法原理**，推展到 n 個步驟的情形時也能適用。

　　組合數學中還有一個做法，就是前面提過的**分治法**。在這種情況下，我們會把欲計數的集合分割成幾個容易處理、互不重疊的子集合，算出子集合的大小，最後再加總。這就是加法原理。

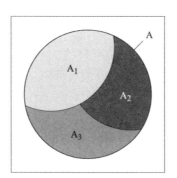

圖30：集合A為三個互不重疊的集合的聯集

　　圖 30 所畫的情形，就是把集合 A 分割成三個互不重疊的子集合 A_1、A_2、A_3。這些集合的基數可以寫成下列的關係式：

$$|A| = |A_1| + |A_2| + |A_3|$$

我們接下來要看的問題，它的解法通常對我們很有用。如果有個包含 m 個元素的集合 M，顯然我可以問這樣的問題：若不考慮抽取順序，我可用多少種方法從這個集合裡抽出 k 個元素？**不考慮順序**的意思就是指，抽出的序列不管是 e_1、e_2、e_3、……、e_k 還是 e_2、e_1、e_3、……、e_k，是沒有差異的。剛才提到的樂透彩中獎號碼組合數問題，顯然就屬於這類問題。在這個問題中，n = 49，而 k = 6。對彩券來說，開出號碼或玩家選號的順序是沒有影響的，重點是開出了哪些號碼或玩家選了哪些號碼。

假設我們從集合 M 的 m 個元素中選出了 e_1、e_2、e_3、……、e_k，e_i 代表不同的元素，而且不考慮選取的順序，我們現在就來逐步算出總共有多少種選法。首先，我們計算有按順序排列的總數：一開始時，選出元素 e_1 的可能選法有 m 種，於是要選出 e_2 時，只剩下 m－1 種可能，以此類推，等我們選到 e_k 時，只有 m－k＋1 種可能的選法。由於這些選擇是一個接一個按照順序發生，利用上述的乘法原理，就可寫出下面這個數：

$$m \cdot (m-1) \cdot (m-2) \cdot ... \cdot (m-k+1)$$

請注意，這就是從集合 M 依序（！）選出長度 k 之元素序列的可能選法。我們完成了第一步，不過還沒有達到真正的目標。我們的確算出了按順序選擇有幾種選法，但我們多算了，有很多是「誤算」。任選 k 個元素的任何一種排列，都算作一個獨立的序列，但因為我們說過不考慮順序，所以不同的排列都只能當成同一種組合。

在第二個階段，我們要來修正一下初步的計數結果。為此，我們就需要知道，選出的這 k 個元素有多少種排列方法。如果可以替這些元素編號，那麼第一個元素就有 k 個位置可選，第二個元素就剩下 k－1 個位置可選，一直到第 k 個元素，只有一個位置可選。由乘法原理可知，總共會有 $k \cdot (k-1) \cdot (k-2) \cdot ... \cdot 2 \cdot 1$ 種排列方式。通常我們會把前 k 個自然數的乘積，簡寫成 k！（k 後面接著一個驚嘆號，念作：k 階乘）。我們的想法就是：若排列順序無關緊要，那麼選取出的元素的這 k！種排列法，就只能算成同一種。於是我們就得到：

$$m \cdot (m-1) \cdot (m-2) \cdot ... \cdot (m-k+1)/[k \cdot (k-1) \cdot (k-2) \cdot ... \cdot 1]$$

分子分母同乘上 $(m-k)!$，就可以寫成更簡潔的形式：

$$m!/[k! \cdot (m-k)!]$$

最後這個數學式，我們可以簡寫成 $B(m, k)$[4]。因此，$B(m, k)$ 這個數就代表如果我要從 m 個不同的物件中，不計順序隨意選取 k 個物件，可有多少種選法。我們把 $B(m, k)$ 稱為二項式係數，它在數學的各領域中，例如在二項式的公式中，扮演了重要角色。有了這個式子，我們就可以將 $(x+y)^m$ 這個表式展開，其中 m 為任意自然數，而 x、y 為任意數：

$$(x+y)^m = (x+y) \cdot (x+y) \cdot (x+y) \cdot ... \cdot (x+y)$$

相乘的時候，你必須從 m 個二項和 $(x+y)$ 的每一個，選出 x 或是 y 來相乘，最後再全部加總起來。若選了 k 個 x，那就有 $(m-k)$ 個 y，所以就產生了 $x^k y^{m-k}$ 這一項。不論怎麼選，只要有 k 個 x 與 $(m-k)$ 個 y，就會產生這樣的被加項。我們可以清楚看到它和二項式係數之間的關聯。因此，$x^k y^{m-k}$ 這個被加項會出現 $B(m, k)$ 次，而對於從 0 到 m 的每個 k，我們都能寫出這樣的被加項。

這就表示：

$$(x+y)^m = B(m, 0)x^0 y^m + B(m, 1)x^1 y^{m-1} + ... + B(m, m)x^m y^0$$

若把 $x = -1$ 和 $y = 1$ 代入這個方程式，會出現非常漂亮的結果，這正是二項式係數的第一個應用；稍後我們還會提到這裡的方程式。把 $x = -1$ 和 $y = 1$ 代入後，會得到

4　編按：我們比較熟悉的寫法是 mCk、C_k^m、$C(m, k)$ 或 $\binom{m}{k}$。

$$B(m, 0) - B(m, 1) + B(m, 2) - B(m, 3) + ... (-1)^m B(m, m)$$
$$= 0^m = 0 , m = 1、2、3、\cdots\cdots \qquad (9)$$

若代入 x = 1 和 y = 1，得到的結果一樣很有用：

$$B(m, 0) + B(m, 1) + B(m, 2) + ... + B(m, m) = 2^m \qquad (10)$$

散文風格的數學

　　既然我們現在已經認識二項式係數了，那麼就能替我們在導言中提到的等式 $1^3 + 2^3 + 3^3 + ... + n^3 = (1 + 2 + ... + n)^2$，給個像散文般的證明。我們要用一段醫療小故事來解釋；這並不是什麼重要小說家的懸疑作品，而只是漂亮、慧黠的數學證明。即使如此，它本身已經很有價值了。

　　K 先生必須住院 (n + 1) 天。這段期間他必須接受 4 項醫學檢查，姑且把它們稱為 A、B、C、D。項目 A 必須在其他項目之前先做，而且需要一整天。至於 B、C、D 三項，就沒有什麼其他限制：可以依照任何順序進行，也可在同一天做檢查，做幾項都行。請問進行檢查的所有方法有多少種？我們可以先設定項目 A 在哪一天做。假設 A 在住院期間的第 k 天進行，那麼做其他檢查的可能方法就有 $(n + 1 - k)^3$ 種。k 這個數可以從 1 到 n，所以總和就是

$$(n + 1 - 1)^3 + (n + 1 - 2)^3 + (n + 1 - 3)^3 + ... + 1^3 = 1^3 + 2^3 + 3^3 + ... + n^3$$

也可以換一種算法（這就是富比尼原理！）來算一算有多少種可能方法：我們可以算出 3 種彼此不重疊的情況。第一種：做完 A 後，B、C、D 三項都在不同天做檢查，所以有 3! · B(n + 1, 4) 種做法。第二種：B、C、D 三項當中有兩項在同一天做，所以有 3 · 2 · B(n + 1, 3) 種做法。第三種：B、C、D 全都在同一天進行，因此有 B(n + 1, 2) 種可能的做法。加在一起，就有

$$3! \cdot B(n + 1, 4) + 6 \cdot B(n + 1, 3) + B(n + 1, 2) = [n(n + 1)/2]^2$$

種可能的檢查方法。現在輪到高斯上場了：即n(n + 1)/2 = 1 + 2 + ... + n。因此，就有 (1 + 2 + ... + n)² 種不同的做法。由於兩種算法是在計數同一件事情，所以我們證明了所求的方程式。

有時候世事並不如意，我們所碰到的計數問題無法靠著加法原理來簡化。一開始的集合 A，有可能無法拆成互不重疊的子集合；如果能拆，問題還比較容易處理。不過，我們至少可以把它拆成部分重疊、但又容易算出基數的子集合。圖31 描述了子集合部分重疊的情況。

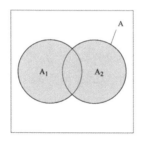

圖31：集合A的部分重疊子集合

在這種情況下，你必須考慮重疊的影響。在最簡單的情況下，這幾乎沒有影響。若只有 A_1 和 A_2 兩個子集，它們的基數（即元素個數）始終存在有下列的關係式：

$$|A_1 \cup A_2| = |A_1| + |A_2| - |A_1 \cap A_2|$$

在這個等式中，我們已經能看到排容原理了。若只由 $|A_1| + |A_2|$ 來估計 $|A_1 \cup A_2|$ 的基數，則會高估，因為交集 $A_1 \cap A_2$ 中的元素一共計算了兩次。因此，交集的基數 $|A_1 \cap A_2|$ 要減去一次，這樣就可把重複計數的元素扣除掉。做完了！

> **值得一提？！**
> 　　知名的劇作家許列夫（Einar Schleef）在替黑森州電台廣播劇寫作最新

的劇本時，「幹」這個字出現了 13 次。偶然發現這件事的女錄音師認為這相當不雅，就去跟電台的負責人投訴。黑森州廣播電台隨即與作者針對每一個「幹」字的取捨進行深入討論。考慮道德觀與藝術性之後，黑森州電台終於說服作者刪掉 6 個「幹」字。在保留 7 個、捨棄 6 個「幹」字的情況下，這個劇本就被接受並且播出了。有驚無險的最後結果！

——亞歷山大‧卓夫（Alexander Tropf）：生活不如意的描述

下一個情況比較複雜，就沒那麼容易理解了。它幾乎已經具備了一般情況的各方面。它是個更富啟發性的案例，因此我們要仔細研究一下。

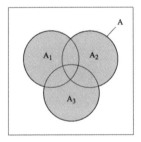

圖32：三個部分重疊的集合與它們的聯集

如圖 32，集合 A 是三個子集合 A_1、A_2、A_3 的聯集，且任何兩個子集合的交集不可能為空集合。在這裡，集合 A 的基數的算法也不再是把 A_1、A_2 和 A_3 的基數直接相加。如果相加，你會發現交集 $A_1 \cap A_2$、$A_1 \cap A_3$、$A_2 \cap A_3$ 中的許多元素算了兩次，而在所有三個集合的交集，即 $A_1 \cap A_2 \cap A_3$ 中的元素算了三次。情況似乎一團亂。儘管如此，你還是可以說出下列的式子：

$$|A| = |A_1 \cup A_2 \cup A_3| \le |A_1| + |A_2| + |A_3|$$

因此我們必須再次下修這個總數，要算一算集合 A 中被重複計算了一次和兩次的元素個數。我們最好是一步步來。

當我們把兩兩交集的基數從 $|A_1|+|A_2|+|A_3|$ 中扣掉，會有什麼影響？這樣的話，會得到下列的式子：

$$|A_1|+|A_2|+|A_3|-|A_1 \cap A_2|-|A_1 \cap A_3|-|A_2 \cap A_3| \qquad (11)$$

於是下圖淺灰色區域中（如圖 33）的每個元素只會計算一次，就像它本來該有的樣子。

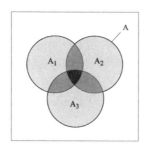

圖33：三個集合的排容原理

中深灰色區域的元素，在 $|A_1|+|A_2|+|A_3|$ 這個總和裡起先被算了兩次，但經由減去交集的基數，所做的修正是成功的，因為各扣掉一次之後這些區域就剛好只算了一次。到目前為止，一切都很好，只剩下 $A_1 \cap A_2 \cap A_3$ 當中的元素還有問題沒解決，因為這些元素在起初加總時算了三次，是 A_1、A_2、A_3 每個集合的一分子。它們同時也是 $A_1 \cap A_2$、$A_1 \cap A_3$、$A_2 \cap A_3$ 這三個交集的一分子，因此在剛才的修正裡又被扣掉了三次。所以，上面的 (11) 所呈現的計數式子，並沒有把這些元素算進去；換言之，(11) 式低估了 A 的基數。根據目前的結果，我們可以寫出

$$|A| \geq |A_1|+|A_2|+|A_3|-|A_1 \cap A_2|-|A_1 \cap A_3|-|A_2 \cap A_3|$$

現在顯然要把 (11) 式再做下列的修正，才能正確代表集合 A 的元素個數：加上三個集合的交集 $A_1 \cap A_2 \cap A_3$ 的基數。於是，我們得出下列的方程式：

$$|A| = |A_1 \cup A_2 \cup A_3| = |A_1| + |A_2| + |A_3|$$
$$- |A_1 \cap A_2| - |A_1 \cap A_3| - |A_2 \cap A_3|$$
$$+ |A_1 \cap A_2 \cap A_3| \tag{12}$$

這就是圖 33 所要傳達的訊息，但是用符號來表達。而這也是我們夢寐以求的 | A | 方程式。

　　到目前為止，我們已經替可分成 3 個部分重疊任意子集的集合，做出了排容原理的公式。

　　這個用於計數的排容原理，對於判定集合的基數（即元素個數），是極有用的技巧，特別是在子集合及各子集間的交集的基數容易算出來的情形下。我們好不容易得出 (12) 這個方程式，現在準備好要應用到一般的情況。

　　最後一回合登場。我們現在必須跳脫 n = 3 的限制。我們希望能夠算出任意集合 A_1、A_2、……、A_n 的聯集的基數，n 為任意自然數。排容原理也能適用，但重複計數的元素計算起來更加複雜，因此修正步驟會變得更多。一般化的排容原理，是我們必須發展出來的利器。根據 n = 3 的思考模式，我們可以繼續寫出以下的公式：

$$|A_1 \cup A_2 \cup ... \cup A_n| = |A_1| + |A_2| + ... + |A_n|$$
$$- |A_1 \cap A_2| - |A_1 \cap A_3| - ... - |A_1 \cap A_n| - |A_2 \cap A_3| - ... - |A_2 \cap A_n| - ...$$
$$- |A_{n-1} \cap A_n|$$
$$+ |A_1 \cap A_2 \cap A_3| + |A_1 \cap A_2 \cap A_4| + ... |A_{n-2} \cap A_{n-1} \cap A_n|$$
$$.$$
$$.$$
$$.$$
$$(-1)^{n+1} |A_1 \cap A_2 \cap ... \cap A_n| \tag{13}$$

這個式子還登不上大雅之堂。一眼看去全是符號，雖然還算有系統，但內容難以解讀：我們要怎樣解釋它，要怎麼在不會太費力的情形下驗證它是對的？公式 (13) 顯示，我們有必要把集合與基數好好組合一下，經由一點簡短的說明，這個建構原則就清楚易懂了。首先，顯然是把所有子集合 A_i 的基數相加起來。然後就像前面說過的，第一次修正就是要減掉所有兩兩交集 $A_i \cap A_j$ 的基數。正如我們所知，這樣一來就會低於目標值。這情況雖然糟糕，但好處是現在我們很清楚該朝哪個方向前進。根據 n = 3 的情形，我們的下一步就是將三個子集合的交集 $A_i \cap A_j \cap A_k$ 的所有元素再加回來。結果，這又會加過頭，因此必須把 4 個子集的所有可能交集的基數從方程式裡扣除。如此重複這樣的程序，一直做到最後一個修正，即所有子集合 A_i 的交集的基數為止。其實就是乍看起來一團亂的來回修正。

然而，這僅是個憑感覺的證明；現在要補充一點嚴謹度。我們該如何確定，在一切做完的時候，所有 A_i 的聯集中的每個元素在整個式子裡都恰好只出現一次？因為這正是我們的目標。

要回答這個問題，必須利用二項式係數這項重要的工具。假設某個元素 a 在 n 個子集合 A_1、A_2、……、A_n 裡出現了恰好 m 次。利用方程式 (13) 來計算，會算出幾次呢？計數的結果如下：

$$m - B(m, 2) + B(m, 3) - \ldots (-1)^m B(m, m) \tag{14}$$

這很容易說明：第一項來自 | A_i | 的總和，第二項則來自所有兩兩交集之基數的總和。由於元素 a 出現在 A_1、A_2、……、A_n 當中的 m 個集合裡，它在兩兩交集中出現的次數，就會等於在不考慮順序的情況下，從 m 個物件（即包含 a 的 m 個子集合）選取 2 個的所有可能選法。這正是 B(m, 2) 這個數。B(m, 3) 等項也可以如此解釋。在超過 m 個子集合的交集裡，元素 a 就不再出現了。

由 (14) 式，我們已經達到想要的目標了。剩下的就是要觀察出，這個式子只不過是 1 這個數的複雜記法——你可以由前面提過的 (9) 式得出此結論，也就是要把 (14) 式改寫成：

$$1 - [1 - m + B(m, 2) - B(m, 3) + ... (-1)^m B(m, m)]$$
$$= 1 - [B(m, 0) - B(m, 1) + B(m, 2) - ... (-1)^m B(m, m)]$$
$$= 1 - 0 = 1$$

如此一來全都考慮在內了。排容原理得證。

　　經過一番動腦之後，接下來我們要喘口氣，體驗一下這個新公式的用法。我們就馬上應用所學到的知識，先看一個大家都熟悉的簡單例子，再看一個別具啟發性的大師級手法。

例：某班級的每個學生要在數學、摺紙藝術、插花藝術三個科目中至少選修一科。
選修數學的學生人數 M 是 30。
選修摺紙藝術的人數 O 是 40。
選修插花藝術的人數 I 是 100。
同時選修數學與摺紙藝術的人數 MO 是 10。
同時選修數學與插花藝術的人數 MI 是 20。
同時選修摺紙藝術和插花藝術的人數 OI 是 20。
選修全部三個科目的學生人數 MOI = 5。
這個班級的學生人數 N 是多少？
我們立刻就能利用排容原理，算出：

$$N = M + O + I - MO - MI - OI + MOI =$$
$$30 + 40 + 100 - 10 - 20 - 20 + 5 = 125$$

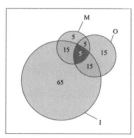

圖34：排容原理在學生修課人數例子上的應用

最後，我們要請大家把注意力移到一篇男性健康雜誌上的文章，這可稱得上是讓計數技巧大放異彩的應用，我們就以此當作本章的安可曲吧。「人在酒吧裡卻發現身上沒錢？讓朋友幫你付帳吧！」格雷格·古費爾德（Greg Gutfeld）在《男士健康》雜誌中寫道。「讓他洗好兩副牌，然後並排放好。接著說明，你每次都會同時從每副牌的最上方取一張牌。然後和對方打賭，某個時候一定會出現一對相同的牌。」

直覺上，兩張相同的牌在洗過的兩副紙牌裡要出現在相同的位置上，這似乎不太可能，但我們還是希望透過量化的思考，再做最終的判斷。為了節省力氣，我們使用一種不同的，但在邏輯上意義相同的表示方法：我們依序寫下 1、2、3、⋯⋯、52 這些數字。接著，我們把 1 到 52 任意排列，並寫在剛才所寫的那排數字的正下方。這樣就好像我們是從帽子中隨機抽出紙牌上的 52 個號碼。然後我們必須問自己：在這兩排數字中，兩個相同號碼出現在相同位置的機率有多大？如果相同的位置上都沒有出現相同的數字，這樣的排列我們就稱為「錯排」。

首先，我們注意到了一個明顯的事情。從帽子裡抽出數字的順序一共有 52! 種，因此會有 52! 種不同的排列方法。這時候我們新的問題是：這些排列之中，錯排占了多少比例？

針對這個問題，我們可用排容原理當作主要的處理工具。假設我們有一個集合 M，其中含有 | M | 個物件，再假設當中有 m_i 個物件具有 E_1、E_2、⋯⋯、E_n 這 n 種性質之中的至少 i 種。因此，利用排容原理，我們就可以寫出完全不具有 E_1、E_2、⋯⋯、E_n 這些性質的元素個數：

$$| M | - m_1 + m_2 - m_3 + ... (-1)^n m_n$$

我們現在想把它用在其中一個特殊性質 E_k 上。你可以把數字 1、2、⋯⋯、52 的排列想成一個函數 f，而 f(k) 就代表位在第 k 個位置的數字。若對於 1 到 52 所有的 k，都是 f(k) ≠ k，這個排列就是錯排。相反的，若 f(k) = k，我們就說此排列具有 E_k 這個性質。現在我們必須定出 m_i 這個數。整個推理都與前面談過的二項式係數有關。我們選一組性質，其中有 i 個性質 E_k。很顯然，對於這組選定性質

之中的所有 i 個性質 E_k，亦即對 1 到 52 的所有 i 個 k 而言，f(k) = k 必定成立。
至於其他的 (52 − i) 個位置，函數 f 則可以是其他的值；意思就是，會有 (52 − i)!
種排列。但是，我們還需要至少有 i 個位置數字相同的所有排列數。所以，為了
求出 m_i，我們只要把 (52 − i)! 乘上從 52 個位置選出 i 個的可能選法，這正是二
項式係數 B(52, i)。由此可得以下的方程式：

$$m_i = (52 − i)! \cdot B(52, i) = (52 − i)! \cdot 52! / [i! \cdot (52 − i)!] = 52! / i!$$

這是我們的求解之路上很重要的一段旅程。因此，完全不具 E_1、E_2、……、E_{52}
這些性質的所有排序的集合（即錯排）個數，就是：

$$52! − 52!/1! + 52!/2! − 52!/3! + ... + 52!/52!$$
$$= 52! \cdot (1 − 1/ 1! + 1/2! − 1/3! + ... + 1/52!) \tag{15}$$

請注意，(15) 式括弧內的式子，其實是下面這個代表 e 的倒數之無窮和的前 53 項：

$$\sum_{i=0}^{\infty} (−1)^i / i! = e^{−1} \tag{16}$$

(16) 式中的 e，正是歐拉常數 2.7182 ...。如果我們用括號內的式子當作 $e^{−1}$ 的近似
值，會有一個很小的近似誤差，誤差小於無窮和的下一項，即 1/53!。因此，(15)
式括號內的式子，是對 $e^{−1}$ = 0.36787946 的極好的近似值。因此，錯排的**個數**為
$52! \cdot e^{−1}$，而錯排在所有可能的排列中所占的**比例**就是 $e^{−1}$。至少有一個位置數字相
同的機率，會等於 $1 − e^{−1}$ = 0.6321 ≈ 2/3。結果，直覺上認為不太可能的事件，發
生的機率竟然接近三分之二。排容原理雖然是這齣數學戲劇的主角，但奧斯卡最
佳男配角應頒給二項式係數。

能夠成為數學家的十大徵兆：
● 看到 e 時，會先想到一個數，然後才想到字母。

- 精通希臘字母，但不懂希臘文。
- 可以靠著手指計數到 1023（多虧了二進位數）。
- 曾經嘗試用反證法說服交通警察，你的車並不是停在禁止停車區。
- 如果要看漂亮的圖片，寧願找一本關於碎形的書來看，而不是去看色彩繽紛的週刊。
- 知道幾何級數的極限值，但不知道自己的腰圍大小。
- 看到 Bruch[5] 這個字的時候，不會先想到醫療診斷。
- 你知道：老數學家永遠不會死，只是失去了一些功能[6]。
- 認為複雜化可以把事情變簡單。
- 讀完上述這些，但沒笑出來。

5　Bruch 這個字在醫學上是骨折的意思，但亦可當作數學的分數解釋

6　編按：「功能」是函數（function）的雙關語。

6. 相反原則

我們可否先假設某個斷言的反面是對的，然後透過無懈可擊的邏輯推導，得出與所假設事實矛盾的結論，以此來證明原本的斷言是對的？

歐幾里得最喜歡用的反證法，
是最精良的數學武器之一。
這比任何一個棋士所用的戰術都來得高明。
棋手可能犧牲一個士兵或其他棋子，
但數學家可是犧牲整盤棋。

———哈第（G. H. Hardy）

今日特餐———沒有冰淇淋！

———瑞士山區一家餐廳的看板

「我沒看見街上有人，」愛麗絲說道。
「真希望我有這樣的眼睛，」國王慍怒地回道。
「什麼人也看不見！而且是在這種距離下！
我甚至可以在這種燈光下看見所有的人，
只是要費點力！」

———卡羅（Lewis Caroll）：《愛麗絲夢遊仙境》

如果你沒錯，你就對了。

——— Sunny Skylar 歌曲〈Gotta Be This or That〉中的一句歌詞

反證法（歸謬證法）是一種邏輯論證方式，透過證明發現一個說法之中包含矛盾，進而反駁。我們會證明，若假設這個說法是對的，就會導致邏輯上的矛盾，或是和一個先前已經認可的論點產生矛盾。

這個思考方式常用於數學上的間接證明法。間接證明或反證法的特點在於，並非直接推導出所要證明的敘述 A，而是利用反證法，推翻敘述 A 的反面，即非 A。會導致矛盾的假設，就是錯的、可以被否定的。在二值邏輯中，每一個命題不是真就是假，原敘述的反面證明為假，就表示這個敘述本身為真。沒有第三種可能。這叫作「排中律」。

早晨講堂的相互辯證

「您說的不正確。但也不能說是不對。」

——**物理學家包立（Wolfgang Pauli）跟一個學生如此說**

從原本要證明的敘述 A 的反面敘述非 A，來導出矛盾的結果，我們稱為輔助式的演繹推理。演繹推理的涵蓋範圍和複雜度依情況各有不同。透過演繹推理，可能導出三種矛盾的結果。第一種矛盾是，最後得到的結論是「非 A」的反面，也就是可以從「非 A」推得 A。第二種是結論自相矛盾。第三種矛盾是，結論顯然是一個錯誤的命題。

反證法具有以下的邏輯結構：

(1) 敘述 A

　　演繹推理

(2) 條件（或假設）非 A

(3) 推論（沒有明顯的矛盾）

(4) 推論（顯然矛盾）

(5) 關於敘述 A 的結論

邏輯論證是可以被學會的。但不注意一些事情的話，就有可能出錯。所以現在我們先來仔細探討何謂邏輯論證，以及邏輯論證的有效性。

所謂論證，就是指某個斷言之所以成立的理由。結構上，論證是由一個或數個條件（前提）和一個推論（結論）組成。所以，論證是一組語句。重要的是，

前提和結論都必須是被真值定義的語句，意思是這些語句不是真，就是假。亞里斯多德將**命題**定義為語言結構，非真即假。

以下便是幾個命題的例子：
「我是柏林人。」[7]
「如果他們還沒死的話，仍幸福快樂地活到現在。」
「鴿子很討厭。」

以下的語句則不是命題：
「請移駕至公園街。」
「千萬別相信您是誰。」
「如果你做了這件事，便能得到上帝的憐憫。」
「這個句子是錯誤的命題。」
「十二碼罰球。」
「1/0 = 2。」（這不是命題，因為 1/0 在數學上沒有定義。）
「如果結束就好了。」

論證具備推理的特點。一個論證的邏輯有效性，可以用「若……則……」的關係式來表達。如果一項論證的條件句皆為真，那麼結論必定也為真。意思就是，真確性從條件轉移到結論。如果一個論證是有效的，那麼結論的真確性必定得自前提的真確性。如果有效論證的前提皆為真，那麼其結論必定為真。

重要的是，在一個有效的邏輯論證中，僅僅只有下面這種情況不會出現：所有前提皆為真，但結論卻為假。前提和結論真假值的其餘組合，在有效的邏輯論證中都有可能存在。如果其中一項前提為假，那麼結論有可能（但不一定）為假；相反的情況也有可能存在。前提和結論的真假，並不保證論證是不是有效的。我們必須分清命題真值與論證有效性之間的差異。下面是幾個例子：

7　譯注：此句一語雙關，也可以讀為「我是一個甜甜圈。」Berliner 既指柏林人，也指德式甜點甜甜圈。

a. 前提和結論均為假的有效論證

前提 1：所有的哺乳動物都能飛。
前提 2：所有的馬都是哺乳動物。
_____
結論：所有的馬都能飛。

b. 前提和結論均為真的無效論證

前提 1：所有哺乳動物皆有一死。
前提 2：所有的馬皆有一死。
_____
結論：所有的馬都是哺乳動物。

最後我們用一個幽默的、和實際情況相關的例子，當作這段補充的結尾。某天，福爾摩斯和華生醫生去露營。在一塊林中空地上他們架起帳篷，進入夢鄉。夜裡福爾摩斯將華生叫了起來：「華生，你抬頭看看，然後告訴我你看到什麼。」

華生回答：「我看到數不清的星星。」

福爾摩斯：「你得出什麼結論？」

華生思考了一會兒，然後說：「從天文學來看，這表示一定有上百萬的星系以及數十億的星星。就占星術而言，顯示土星落在獅子宮。就時間上，現在是半夜 3:15。神學上的意義是，和偉大的上帝相比我們是如此微不足道。從氣象學看，明天有可能是晴天。福爾摩斯你有什麼結論？」

福爾摩斯沉默片刻，便說道：「華生你這個笨蛋。這表示有人偷了我們的帳篷。」[8]

_____

8 英國科學協會（British Association for the Advancement of Science）在一個為期三個月的網路票選中找出全球最好笑的笑話。大約有來自七十個國家，一共十萬個民眾參與投票。在一千則笑話之中，有 47% 的人把票投給以上這個笑話。但它真的那麼好笑嗎？我不知道。期待世上最好笑的笑話時，卻讀到上面這段，就好像跟史上最偉大的一級方程式賽車手約見面，來的不是舒馬克（Michael Schumacher），卻是一個全德汽車俱樂部（ADAC）會員。

現在回到反證法。我們能夠推翻其相反命題，來證明一個命題。若可以用一個有效的論證，得出錯誤的結論，就能證明這個相反命題是錯的。因為假如相反命題為真，那麼結論也必定為真。這可說是數學史和哲學史上十分古老的論證手法，可回溯至古希臘時代。

反證法的著名例子，就是伽利略用來反駁亞里斯多德的論證。亞里斯多德認為重的物體墜落得比輕的物體還要快，伽利略不那麼認為。在《關於兩門新科學的對話》一書中，伽利略用了一個想像實驗來論證：假設重的物體比輕的物體掉得快，那麼將兩個物體用一條無重量的繩子綁在一起之後，墜落速度應該介於輕、重兩者之間。因為重的物體會將輕的物體一同往下拉，使它加快，而輕的物體會拖住重的物體，讓它放慢。但另一方面，兩物體綁在一起的總重量卻比重的物體還要重，墜落速度理應比重的物體來得快。這就是出現矛盾了。所以原先的假設是錯的，輕、重兩個物體的墜落速度並沒有快慢之分。唯有假設兩物體掉落得一樣快，矛盾才會真正消失。這是用無比優雅、純憑抽象思考的證明方法，來證明落體的性質。沒有任何實驗，一點實際操作的跡象也沒有，只有邏輯推理。

效法格特 · 克魯斯（Gerd Kruse）

　　農夫克魯斯因為一項申請遭地方議會拒絕，憤怒之下就說有半數的議會代表都是白癡。這句人身攻擊惹來的訴訟判決是，克魯斯必須收回自己的話。在地方報紙上，克魯斯做出以下聲明：「我在這裡鄭重收回自己說出的那句話：『半數的議會代表都是白癡。』此刻起我的聲明要改為：『半數的議會代表都不是白癡。』」

第二個反證法的例子比較現代，不只是近代的，而且還具有未來感：有個程式設計師宣布自己設計了一個下棋必勝的程式。他號稱這個程式不管是下黑棋還是下白棋，不管對上哪個對手，一定勝利。他聲稱自己的斷言有數學證明當靠山。你認為呢？

嗯，程式設計師的說法不可能為真。假設真的有一個能下完美棋局，打遍天下無敵手的程式。那麼我們就可以在兩台電腦同時裝上這個程式，然後對戰。根

據假設，不管下黑棋還是白棋、遇到哪個對手，程式都能贏。如果程式和自己對打，那麼兩邊應該同時贏棋。但在棋賽中，這種情況不可能發生。於是，有完美棋局的假設會導致荒謬的結果，所以程式設計師的說法不可能正確。邏輯上看，程式設計師所標榜的程式特點並不可能實現。

現在讓我們踏進分數的世界，來找看看有沒有最小的正分數。假設一個最小分數的形式為

$$a/b$$

a 和 b 皆為正整數。在此情況下我們也來運用新學到的工具。反證法竟然也可以簡潔得令人吃驚。假設真的有一個最小正分數，我們令它為 a*/b*，那麼

$$a*/(2b*)$$

必定也是分數，其次，它必定為正數，第三，還要比 a*/b* 來得小。所以 a*/b* 不可能是最小的正分數。就這樣我們得到了矛盾。結論和精髓：最小的正分數並不存在，若它真的存在，必定造成邏輯上的矛盾。

定理和逆定理

K 先生的哲學：所有事情都很有趣。

特例（他的有趣定理）：所有的自然數都很有趣。

利用反證法來證明：假設情況相反，那麼就存在一個不有趣的最小自然數。但是這個數顯然十分有趣，這與說它不有趣的假設相矛盾。所以剛剛的假設必定為假，假設的反面才是正確的。因此這個說法得證。

K 太太的逆定理（她的無聊定理）：所有的自然數都很無聊。

透過反證法來證明：假設 m 是個不無聊的最小自然數。誰對這個問題有興趣？故得證。

　　歐幾里得在兩千多年前就運用了功能強大的反證法，來證明質數有無窮多個。在《幾何原本》這部有史以來最成功的數學著作中，他寫道：「永遠有比已經找到的質數更多的質數。」（第九卷，命題 20）

三句話看透世界文學：歐幾里得的《幾何原本》

一個點就是去掉了兩條邊的角。

設立定義和公設，然後對形狀和數做出推斷。

推敲出的是永世通用的幽默、情色、毒品和解放。

　　質數是只能被 1 和自己整除的數；因此，它們沒有真正的因數，就像數字界的「不可分割的」原子。歐幾里得拿相反命題當作假設，假設質數是有限多個，並依照大小排列好：

$$p_1 \text{ 小於 } p_2 \text{ 小於 } p_3 \cdots\cdots \text{小於 } p_r$$

接著，他利用巧妙的手法，將所有質數相乘，然後再加上 1。所得的數我們稱為 P：

$$P = p_1 \cdot p_2 \cdot p_3 \cdot \ldots \cdot p_r + 1$$

關於 P 這個數，我們知道些什麼呢？首先，P 大於 p_r，也就是說，P 比我們所假設最大的質數要大，所以不可能是質數。那麼 P 就一定可以寫成質數的乘積。但因為有被加數 ＋ 1，P 無法被 p_1、p_2、p_3、……、p_r，也就是無法被任何一個質數整除。

　　因此出現了矛盾。得出的結論可說是十分完美。因為我們的推理方式在邏輯上無懈可擊，所以這個矛盾一定是透過一開始的假設進入到思考過程。因此，一開始質數有限多的假設為假，而相反命題為真。這個相反命題就是：質數有無限多個！

多麼美麗的證明。世界遺產的一部分，一種思想財富。一個永生不朽的證明。

熟練的力量可以編織永恆的聯盟

　　數學家諾加・阿隆（Noga Alon）是台拉維夫大學的數學教授，有一次在以色列的廣播節目中談質數。他提到歐幾里得在 2,300 年前便證明了質數有無限多個。主持人繼續問：「那它現在還正確嗎？」

　　談到這裡，我們不能不提一下跟質數息息相關的另一個著名數學問題，即孿生質數問題：兩者相差 2 的一對質數，例如 3 和 5，17 和 19，就稱為孿生質數。孿生質數也有無窮多對嗎？

　　這個問題我們還無法回答。目前（直到 2008 年 12 月）還沒有人知道答案。絞盡腦汁還是沒人能解答這個兩千多年前提出的問題。

知識之道

　　「我們知道有些東西是我們知道的。我們也知道有些東西是未知的，而且我們知道它是未知的。我們知道有些東西是我們不知道的。但是也有些東西，我們不知道自己並不知道。」

　　　　──美國前國防部長倫斯斐（Donald Rumsfeld）在 2002 年 2 月 12 日
　　　　　　針對尋找奧賽瑪・賓拉登（Osama bin Laden）所發表的言論
　　　　　　　　（出處：The Poetry of D. H. Rumsfeld，作者 H. Seely）

　　也許這是倫斯斐最持久，針對我們生存的世界發表的智慧之言，關於他對「知識」的哲學看法，也是一個讓他至少與孔子的眼界提至相同境界的看法，因為孔子說過：「知之為知之，不知為不知，是知也。」

---

7. 歸納原則

為了證明一堆有序物件當中的全部東西皆具有某種性質，可以先證明第一個東西有此項性質，然後再證明，若其中任意一個東西具有該性質，則下一個東西也有此性質。

如果可以一件接著一件做，數學家就會一直做下去。

——某面牆上的塗鴉智慧

演繹推理法是一種邏輯推論，是從一般情況推導到特殊情況。歸納推理法和溯因推理法（逆推法）則是兩種非演繹推理法。下面這個具體的例子可以幫忙區別歸納、演繹及溯因推理法。

歸納推理法是從個別情況與結果來推導出規則。

情況：這些豆子是從這個布袋裡拿出來的。
結果：這些豆子是白色的。
規則：這個布袋裡的所有豆子都是白色的。

歸納推理就是要從世界上的模式和規律中，找出尚未觀察到的或是未知的事物。歸納的結果不一定非得是正確的，得出的僅是一個推論（這個布袋裡的所有豆子都是白色的），不一定要和前提一樣為真（從這個布袋中拿出來的豆子是白色的）。歸納推理僅是發現有可能的事實。我們隨時隨地會用到歸納推理。但是哲學家當中的懷疑論者反對歸納推理。一般來說，歸納推理法並未考慮所有的個別情況，因此某些未考慮到的情況有可能會與所做出的歸納互相矛盾。所以，歸納得出的結論在形式邏輯上並不被接受。

機率理論的邏輯

10% 的偷車賊是左撇子。所有的北極熊都是左撇子。因此如果您的車被偷了，有 10% 的機率是北極熊偷走的！！？？

——**查普曼－可立**（J. Chapman-Kelly）

除了日常生活上的實際運用之外，歸納推理還有一連串哲學考慮之下的上層結構。由哲學家古德曼（Nelson Goodman）首先提出，在此我們由龐士東（William Poundstone）所改寫的一個例子，來看看使用歸納推理之後會發生什麼事情。有位珠寶商檢查一顆綠寶石。「又是一顆綠色的綠寶石。」他想。「這些年我看過不下上千顆綠寶石，每一顆都是綠的。」這位珠寶商因此得出一個假設：所有的綠寶石都是綠色的。這是個歸納推論，而且看似合理。

街上另外一邊也有一位同樣接觸過許多綠寶石的珠寶商。他是印第安巧克陶族（Choctaw），只會說巧克陶語。從人類語言學的角度來看可以發現一件有趣的事，巧克陶語並不區分藍色和綠色，同一個詞可以同時用來表示兩種顏色。但在巧克陶語中，卻有 okchamali（一種會發光的藍或綠）、okchakko（一種暗沉的藍或綠）之分。巧克陶族珠寶商說：「所有的綠寶石都是 okchamali 的。」這也是一個歸納推論，同樣根據了他看過的上千顆綠寶石。

在同一條街上還有一位經驗同樣豐富，只會說一種稀有語言 Gruebleen 的珠寶商。就如德語或巧克陶語，Gruebleen 這種語言也有自己對顏色的概念。Gruebleen 語沒有描述綠色的詞彙，但有一種被稱為 grue 的特質（一個受到古德曼影響而產生的人造詞彙，由 green 和 blue 結合而成，另外還有 bleen 這個詞）。所有具有 grue 特質的東西，在 2019 年 12 月 31 日午夜之前都是綠的，一過午夜就是藍的。而稱為 bleen 的特質則是：在 2019 年 12 月 31 日午夜之前是藍的，午夜之後變綠。如果要跟一個說 Gruebleen 語的人解釋我們所用的綠色一詞，可以跟他說：就是在 2019 年 12 月 31 日午夜之前是 grue，午夜之後是 bleen 的那個東西。對於熟悉 grue 和 bleen 兩種概念、說 Gruebleen 這種語言的人，「綠色」是一種聽起來十分人為的用語，他們對於這兩個顏色的定義，是以一個特定的時間點為

參考點。也就是說，grue 在德語裡的解釋和綠色在 Gruebleen 語裡的解釋是對稱的，所以我們沒有辦法說哪個語言在這方面更為基本。對那位說 Gruebleen 語的珠寶商而言，目前所有的綠寶石全都是 grue 的。

　　現在請各位想像一下，我們同時在三位珠寶商面前擺上一顆綠寶石，並問他們這顆綠寶石在 2020 年的顏色為何。三個人異口同聲說，他們在執業多年來的經驗裡從未看過一顆綠寶石會變色。德國珠寶商預測，眼前的綠寶石在 2020 年還是綠的。巧克陶族珠寶商說，它的顏色會是 okchamali。而說 Gruebleen 語的珠寶商表示，這顆綠寶石在 2020 年是 grue 的。但等一下！在 2020 年，grue 意指藍色。三位珠寶商與綠寶石接觸的經驗同樣豐富，而且都使用了歸納推理，但說 Gruebleen 語的珠寶商做出的預測，卻與說德語的珠寶商恰恰相反。這個自相矛盾絕對不能毫無意義地被忽視：2020 新年時，上述的預測至少有一個是錯的。

　　演繹推理是把規則應用到個別的情況，來推導出結果。

　　規則：這個布袋裡所有的豆子都是白色的。
　　情況：這些豆子是從這個布袋裡拿出來的。
　　結果：這些豆子是白色的。

　　演繹推理的結果**不容爭辯**，也可以說一定是正確的。從形式邏輯看來，演繹推理的結果為有效的結論。在數學上，也可以盡量使用演繹推理原則的結構。但是嚴格來說，演繹邏輯推理並未擴充已知知識的數量，它不過是把已經知道的事物換個方式來表達。

　　溯因推理是從規則和結果來推導出個別情況。

　　規則：這個布袋裡所有的豆子都是白色的。
　　結果：這些豆子是白色的。
　　情況：這些豆子是從這個布袋裡拿出來的。

　　根據規則和結果所得的結論雖然十分有可能正確，但未必為真。嚴格說來，這其實是非常粗略的邏輯，因為得出的結論十分不確定，如果正確，頂多也是碰巧，而且也沒有任何其他可以佐證的證據。和歸納推理相比，不僅是量的差別，也是質的差別。透過溯因推理得出的結論，是建立在間接證據的猜測，推理出一個觀察結果的最佳解釋。這個結論有可能為真，因而得悉潛在的真相。日常生活中我們經常做出如此的推論，像是想證明嫌犯有罪的警探，或是要根據特定症狀來做出初步診斷的醫生，這些事務的本質裡也都存在著溯因推理的結論。

　　將以上幾種推理法分門別類過後，現在要介紹的**完全歸納法（數學歸納法）**就是我們的下一個思考工具。數學歸納法的概念，最早是在 1654 年由巴斯卡（Blaise Pascal）建立起來的。一種只需要兩個步驟就可以檢驗眾多、甚至是無限多個命題的基本原則。只要其中的命題可以排序、且任何一個命題與前一個命題之間存在著特定關係，歸納法可能就會適用。我們在思考時經常選擇採用歸納原則，譬如要證明一個關於**所有自然數**的命題是否成立。為了證明一個取決於 n 的命題 A(n) 對任何一個自然數 n 都成立，我們先將那些使得命題 A(m) 為真的自然數 m 所成的集合稱為 M。然後我們必須考慮 M 是所有自然數 1、2、3、……的集合。一個可能的進行方法是分成兩個邏輯步驟：第一步先證明，A(1) 是真確的命題，而第二步是驗證，若對於任意自然數 m，從 A(m) 成立可推導出 A(m + 1) 也為真，那麼這個命題對於下一個自然數也成立。因為聽起來還是十分抽象，所以我想把這個基本結構具體解釋一下。

　　如果已知某個取決於 n、而要證明對於所有 n 皆成立的命題（例如 $2^0 + 2^1 + 2^2 + ... + 2^n = 2^{n+1} - 1$），首先可證明它對 n = 1 為真（歸納起始點），再來，對任意自然數 m，若從 n = m 時命題會成立可以推導出 n = m + 1 時命題也會成立（歸納步驟），那麼這個命題對所有的自然數 n 皆成立。論證過程的兩個部分同樣重要。沒有歸納起始點的歸納步驟，以及沒有歸納步驟的歸納起始點，都是不完備的，無法證明所有自然數 n 的情形。

　　透過爬樓梯的過程的比較，可以幫助我們更了解數學歸納法。成功的爬上樓梯包含兩個層面。第一必須知道如何爬上第一層階梯。其次必須找出一個從某一

階爬到下一階的方法。一旦這兩關都會了，那麼便可以登上第一階，然後從第一階爬上第二階、從第二階爬到第三階等等，而可登上任何一階。如果在第一階就失敗，或是無法從第一階到下一階的話，整個過程就進行不了。

數學家將歸納原則內化了，遠遠就能察覺這個方法是否能、從哪裡、該如何成功用來解決某個特定問題。

不懂數學的門外漢卻對這個方法抱持著懷疑態度。偶爾可以聽到他們反對數學歸納法的論點，例如有待證明的地方已被當成歸納步驟的前提。事實並非如此。在歸納步驟裡證明的是一個**條件語句**：若一個要被證明的命題在特定情況下是對的，則對下一個情況也是對的。但如果找不到這種情況，那麼前後情況之間的連結就沒有邏輯意義了。這是條件推論的中心思想之一。

然而條件推論也有它的陷阱。所以我們先來談談這種類型的推論及伴隨而來的陷阱。

許多人在條件推論上產生適應困難，這通常是發生在處理條件句時。一個條件句是由兩個敘述 P 與 Q 組成，兩者以「若……則……」的結構合成一句：若 P，則 Q。譬如：「如果有人做了一場旅行，那他一定有故事可講。」或是：「如果他們還沒死的話，那麼就會從此過著幸福快樂的生活。」

條件推論的有效變體在形式邏輯上稱為**肯定前件**（Modus ponens），具有以下結構：從蘊涵關係「若 P 則 Q」以及 P 為真，可推得 Q 也為真。因此，**肯定前件**是由前提（「某人去旅行」）推斷出結論（「他一定能講些東西」）。

這是簡單的條件推論形式，通常連學齡前兒童都能大致掌握。

第二種複雜許多的條件推論形式為**否定後件**（Modus tollens），具有以下結構：從蘊涵關係「若 P 則 Q」以及 Q 的反面為真（非 Q），可推斷出 P 的反面為真（非 P）。由此看來，**否定後件**是從否定的結論（「他沒有東西能講」）推理出否定的前提（「他沒去旅行」）。

儘管多數孩童都能掌握**肯定前件**這種推論形式，有些成年人在碰到**否定後件**這種推論形式時，卻出現問題，錯誤地應用在：從蘊涵關係「若 P 則 Q」以及 Q 為真，得出 P 也為真。這是無效的結論，用剛才所舉的例子來看就會明白，不是每個有故事可講的人，之前都必定旅行過。其他活動也能提供故事題材。

在此情況下其他可以想到的推論形式，即從蘊涵關係「若P則Q」推導出「若非P則非Q」，邏輯上來說也不成立。由剛剛的例子，就會是：「沒有旅行的人，就沒有東西好講」，而這是錯的。有些人雖然沒旅行，還是有話題可以講。

為了感受一般人在**否定後件**上遇到的困難，我們來看看華森（P. C. Wason）在 1960 年代提出的選擇任務實驗。華森在受試者的面前放了四張卡片，每張卡片有一面是英文字母，另一面是數字。同時他告訴他們一項規則：「如果一張卡片有一面是母音，它的另一面必定是偶數。」受試者的任務就是要決定應該翻開四張卡片當中的哪幾張，來驗證這個規則。華森的四張卡片如下：

圖35：華森的選擇任務實驗

華森實驗受試者的作答整理如下：

作答	答案頻率
A 和 4	46 ％
A	33 ％
A、4 和 7	7 ％
A 和 7	4 ％
其他	10 ％

如果我們將「卡片的一面是母音」這句話簡寫成 P，把另一句「卡片的另一面是偶數」簡寫成 Q，那麼便能將剛剛所提的規則寫成蘊涵關係「若 P 則 Q」。印著 A 的卡片，代表的是屬於蘊涵關係的**肯定前件**（前提 P 為真），而印著 7 的卡片則代表否定後件（結論 Q 不正確）。為了驗證這項規則，必須檢查**肯定前件**和**否定後件**是否有效。因此我們必須將 A 卡和 7 卡翻面。至於剩下的 D 卡

和 4 卡，代表的非 P 和 Q，不管它們另外一面印的是什麼，都不會影響規則的正確性。

華森選擇任務的實驗結果可以得出以下解釋：絕大多數的受試者都知道如何運用**肯定前件**，因為他們選擇翻開 A 卡，但只有少數人正確運用**否定後件**。

否定後件之所以失敗，通常在於直接從結果來推斷原因，這當然站不住腳。結果的發生，頂多只會為原因增加說服力。會錯誤使用**否定後件**，可見人類傾向用非演繹式的推理。大體而言，我們可以將這種與生俱來的思考方式這麼總結：如果從我的假設 P 可以預測出事件 Q，又如果根據既有的知識程度，事件 Q 的發生機率很低，那麼當事件 Q 發生了，我的假設 P 就變得更可信。換句話說，我們觀察到不尋常的事件 Q。但如果 P 為真，那麼 Q 就是理所當然之事。由於如此，當 Q 發生時，就有理由說 P 也為真。因此，溯因推理的規則會導致假設 P 變得更具說服力。這是一種合理的論證，但不合乎邏輯。嚴格的從邏輯上看來，我們根本無法從「若 P 則 Q」和「Q 為真」推理出任何結果。這樣的推論不具邏輯說服力，而只是合理的推論。但溯因推理規則在日常生活和科學中仍舊十分重要，因而也用於人工智慧來模擬正常人類的思考模式。溯因推理在許多科學領域中根本就是科學方法的典範：如果某個科學假說（或理論）P 做了一項預測 Q，隨後 Q 也真的發生了，這個科學理論便贏得支持。如果有許多個假說或理論競相解釋某個事實，那麼一個驗證理論的可能性便在於，先從這些假說推導出結果，然後做實驗，看看這些結果是否會發生，或說有哪些結果會發生。如果某個理論預測一個結果，而這個結果真的發生，此理論便獲得支持，但未受到證明。相反地，如果發生的事件與理論預測相牴觸，這個理論就會失去威信，甚至被瓦解。

就像這一章開頭提到的，我們還可以注意到，一般而言，歸納推理是從特殊情形推到一般情況的推理形式。數學歸納法也是從特殊情況推至一般情形，但是在本質上並非歸納推理，而是演繹推理法。說得更精確些，數學歸納法的論證是經過演繹證明的：因為包含了所有的情況，所以這種歸納法（在數學上）是完備的。數學歸納法讓我們看到，如何從一個論點的成立，然後透過驗證唯一一個蘊

涵關係，擴展到所有可能的情況。現在你也許可以看得更清楚，這種推理法的本質為何。

在前面描述的數學歸納法運用中，用自然數編號的命題會一個接一個地處理。當然也可以用別的方式處理所有的自然數；例如在歸納步驟時不是從 n 推到 n + 1，而是從 n 推到 2n，之後再將因此產生的缺口用倒推的方式補上，從命題對 n 成立，來證明命題對 n − 1 也成立。這就是所謂的正推－倒推－歸納法。如果只是為了證明某命題對於所有自然數 1、2、……、m 為真，在歸納步驟時也可以使用倒推的步驟，證明命題在從 n 推到 n − 1 時也成立（倒推歸納法），而歸納起始點，就會是證明當 n = m 時命題成立。

我們現在把歸納原則使用在一個學校教的幾何範例上：

黑白畫家的經驗寶藏

K 先生只畫黑白作品，而且是後現代風格；不像普通的畫作，K 先生的畫只有直線，直線交錯產生的區塊他便畫上黑或白。K 先生的經驗是，不管畫了幾條直線，不管直線如何交錯，每一個（被直線分隔開的）區塊的顏色都不同，例如下圖中 n = 4 條直線的圖案：

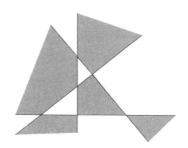

圖36：黑白畫家的作品

現在來想像一下有任意 n 條直線和所形成的區塊，每條直線的「左邊」和「右邊」代表的是有意義的概念。

現在使用數學歸納法的風格，先看只有一條直線時的情況。一條直線將一個平面分成 2 個區塊。顯然可以畫上不同的顏色。這不難。接下來我們假設被 n 條直線分割的平面，其著色的區塊是符合我們的條件。現在加上一條直線 G，位置隨便，只要不和之前的直線重疊即可。這條直線分開了一些已經著上顏色的區塊，而從新的直線的位置看來，分成左邊和右邊。我們現在把所有新直線 G 左邊的區塊重新著上顏色。這個動作不僅影響了被 G 所分隔的區塊，還有所有在 G 左邊，但是不和 G 相鄰的區塊。重新著色後 G 右邊區塊的上色也符合規則，所以新區塊的著色也成立。這就是證明。

在第二個數學歸納法的例子裡，我們來看看二項式係數和 2 的冪次之間看似純屬理論的關係。對於所有自然數 n，下面的式子都成立：

$$B(n, 1) + 2B(n, 2) + 3B(n, 3) + ... + nB(n, n) = n2^{n-1} \tag{18}$$

我們想要使用歸納原則來證明。

歸納起始點：

$$n = 1: \ B(1, 1) = 1!/(1! \cdot 0!) = 1 = 1 \cdot 2^0$$

歸納步驟：

我們先假設，當任意自然數 n = k 時 (18) 式成立，也就是

$$B(k, 1) + 2B(k, 2) + 3B(k, 3) + ... + kB(k, k) = k2^{k-1}$$

為了方便稱呼，我們將左式簡稱為 S(k)。於是，

$$S(k + 1) = B(k + 1, 1) + 2B(k + 1, 2) + 3B(k + 1, 3) + ... +$$
$$(k + 1)B(k + 1, k + 1)$$

基本的概念就在於使用到下面這個分解：

$$B(n, k) = B(n - 1, k) + B(n - 1, k - 1)$$

把等號左右兩邊分開計算，便可驗證上面的式子。我們再次看到富比尼原理發揮作用。根據二項式係數的定義，左式是指從 n 個人中選出 k 人（k 人小組）的方法數。右式的解釋為：選出任何一人 P。B(n − 1, k) 是選出不含 P 在內的 k 人小組的方法數，而 B(n − 1, k − 1) 則是包含 P 在內的 k 人小組的方法數。兩者之和便是從 n 人中選出 k 人小組的方法數。

在這一步的考慮之後，我們可以把剛才的式子重新寫成：

$$S(k + 1) = [B(k, 0) + B(k, 1)] + 2[B(k, 1) + B(k, 2)] + ... + k[B(k, k - 1)$$
$$+ B(k, k)] + (k + 1)B(k, k)$$
$$= B(k, 0) + 3B(k, 1) + 5B(k, 2) + ... + (2k + 1)B(k, k)$$
$$= [B(k, 0) + B(k, 1) + B(k, 2) + ... + B(k, k)] + 2S(k)$$
$$= 2^k + 2k \cdot 2^{k-1}$$
$$= (k + 1) \cdot 2^k$$

在倒數第二步，我們使用了 78 頁的 (10) 式來化簡中括號裡的式子。

　　這是個完整的證明。但我們在這個例子多停留一會兒。受到富比尼原理發揮作用的鼓勵，我們決定替複雜得多的 (18) 式尋找一個類似的論證：一個比數學歸納法更有創意的另類證法。

為此我們先自問以下的問題：從 n 人當中選出 k 人小組，而 k 人小組裡有一人是主席，可有多少種選法？k 人小組可以選第 1 到第 n 個成員，而 k 人小組中的任何成員均可當主席。答案：選出 k 人小組一共有 B(n, k) 種選法，而對於每種選法，又有 k 種選出主席的方法，根據乘法原理，就有 kB(n, k) 種可能的選法。好啦，k 可以從 1 任意變化到 n。這就產生了 kB(n, k) 從 1 到 n 的加總。這也正是 (18) 式的左半邊。太好了。那該如何求出右半邊呢？十分簡單。我們可以換個方式計算，先從 n 人中選出主席，這一共有 n 種選法。然後再從剩下的 n – 1 人中選出 k 人小組的其他成員。從 n – 1 人中，不是被選進 k 人小組，就是被排除在外，所以對每個人來說都有兩種可能。對 n – 1 人而言，根據乘法原理，就有 2^{n-1} 種可能。因此，同樣是根據乘法原理，總共會有 $n2^{n-1}$ 種選法。十分漂亮的證法，也是公式 (18) 的第二種證明方法。

還有一個同樣機智、在某方面看來甚至更漂亮的方式來證明 (18) 式：透過 $S(n)/2^n$。這個比率用文字來敘述，意思為含有 n 個元素的集合 {1, 2, 3, ..., n} 的所有子集合的平均大小。這是因為，有 k 個元素的子集合恰好有 B(n, k) 個，而所有的子集合總共有 2^n 個。為什麼呢？因為對於 n 個元素的每個元素來說，也永遠有兩種可能：屬於某個子集，或不屬於某個子集。

現在我們可以把任何一個子集跟其餘集配對。成對的集合一共含有 n 個元素，平均每個集合有 n/2 個元素。由於每對集合都有 n/2 個元素，所以

$$S(n)/2^n = n/2$$

正是 (18) 式所說的內容。很特別吧！

8. 一般化原則

解決一般問題時，可不可以先刪去一些條件或是改變一些約束條件，
然後再把求得的解運用在眼前的特殊情形？

「你是我唯一的情人」卡片！

組合包新上市

——美國某家連鎖商店的廣告

有時候有個奇怪的現象：一般性、更有力的陳述，會比沒那麼一般性的陳述
還容易證明。數學家波利亞（George Polya）將這個現象稱為「創造者的悖論」，
因為它指出了一個事實：看起來較困難、需要更多創造力的難題，竟然出人意料
地比較容易處理。

數學永遠充滿體驗！

　　在沒學過數學的大部分人看來，總有些事情很不可思議。

——阿基米德

先來看一下以下情況：世界頂尖大學之一，位於美國劍橋市的麻省理工學院，
在 2004 年為資訊科學大樓舉行落成典禮，新大樓是由國際知名建築師法蘭克・
蓋瑞（Frank O. Gehry）所設計的。

中期藍圖是計畫要在這棟稱為史塔特中心的建築前方，建一個大小為 $2^n \times 2^n$
的正方形廣場：

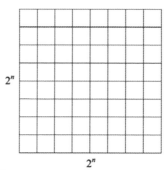

圖37：大小為$2^n \times 2^n$的正方形廣場

廣場正中央的四塊區域之一會放上兩位富有贊助者，雷 • 史塔特和瑪麗亞 • 史塔特的雕像。此外，這位以前衛風格著稱的設計師還要求，只能使用特殊形狀的石板來鋪地。所有石板均為 L 形：

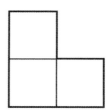

圖38：拼貼用的石板

能不能鋪得成的問題，這時候便出現了。當 n＝1 時，很明顯沒有問題：

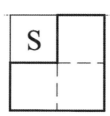

圖39：2×2廣場的石板鋪法

我們用 S 代表雕像的位置。當 n＝2 時，由 16 宮格組成的廣場可能的鋪法如下：

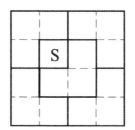

圖40：$2^2 \times 2^2$ 廣場的石板鋪法

一共需要五個 L 形石板，每個占三宮格。

　　現在進入第二階段：提出證明。我們自然想問的問題是：對於所有的自然數 n = 1, 2, 3, … ，是否都有類似這樣可以讓雕像立在中央四宮格之一的鋪法？

　　各位也花點時間思考一下這個問題。您的想法是？我彷彿聽到您說數學歸納法。沒錯！這是顯而易見的。大多數時候想法都是這樣來的。這個問題正好需要用數學歸納法來探討。上面 n = 1 和 n = 2 時的情形便是歸納法的起始點。現在就剩下歸納步驟。假設當廣場大小為 $2^n \times 2^n$ 時，可使用上述的鋪法。這樣的鋪法也適用於 $2^{n+1} \times 2^{n+1}$ 的廣場嗎？我們感受到無法排除的困難。這種預感終會成真。剛才的假設（$2^n \times 2^n$ 廣場可以鋪設成功），並不能幫助我們找到鋪設 $2^{n+1} \times 2^{n+1}$ 廣場的方法。問題出在 L 形的石板。我們好像跟隨著數學歸納法原則走入死巷，擱淺在問題的岸上。有沒有可能我們循錯了線索？詩人哥特佛里德・貝恩（Gottfried Benn）可能會說我們跟隨了幻覺。要如何解決在歸納步驟遇到的問題？如果有個想法能幫助我們，現在最好馬上出現。

　　我們不會因為失望而輕言放棄。由於歸納原則還有未發掘的用法，我們不妨堅持下去。既然沒有其他方法，我們就先試試看擴大歸納假設的策略，聽起來像是自找麻煩，因為現在要證明的是一個比原本要證明的命題更大的命題，希望能由此輕鬆推導出我們原本要證明的命題。這就像一個跳高選手，在試跳了一次之後不受打擊地讓橫竿擺得更高，希望第二次試跳能更輕鬆跳過。我們現在試著證明，雕像 S 不管擺在 $2^n \times 2^n$ 廣場的何處（不再只是擺在中間），其餘位置都可

用 L 形石板鋪滿。

　　我們在這裡運用的是一般化捷思法，運用有能力做到之事來反擊。有時候，使用一個涵蓋範圍更大的，也就是更一般性的命題來證明，比直接試著解釋一個較小的、針對特殊情形的命題來得簡單。特別是在使用歸納法證明時，能夠為歸納步驟開啟一條新的出路，因為這讓我們更容易由一個較大、因而更有用的歸納假設，從命題在n時成立推導到n＋1時也成立。這正是之前提到的「創造者悖論」的變形。中心概念都是：「如果沒有辦法證明、執行或做到某樣東西，就試著證明、執行或做到某個更宏大的目標。這樣可能更簡單。」

　　好吧：我們接受上面的建議，假設雕像 S 不論擺在哪個地方，$2^n \times 2^n$ 廣場都能鋪滿。這個較大的命題在 n＝1 時也正確。

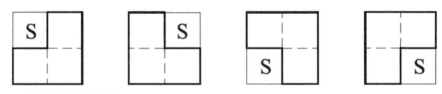

圖41：成功的歸納起始點

　　關鍵的時刻來了：歸納步驟。有辦法在新的條件下成功解出嗎？技巧在於運用一個美妙的想法：將 $2^{n+1} \times 2^{n+1}$ 廣場分割為四個 $2^n \times 2^n$ 的區塊，如圖 42 所示。就連最敏銳的人也有可能忽略這個細微的思考。

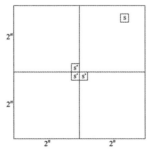

圖42：把要鋪上石板的廣場分為四個區塊

除了原本要擺在 S 區的雕像，我們暫時在 S* 區另外放三個雕像。這是闡釋整件事的妙招。

現在，歸納的假設直接允許我們用 L 形石板，去鋪設每個區塊不含 S 或是 S* 的其餘地方。而且很好運的是，我們還可以用一個 L 形石板來蓋住三個 S* 區塊。這樣就做完了，證明結束。因為我們證明了一個比我們需要的東西涵蓋範圍更廣的命題，因此原本的命題（即雕像只能擺在中間）當然也正確。皆大歡喜。令人讚嘆的證明。

上述的例子給我們上了富有啟發性的一課。在運用歸納法來證明時突然碰壁因而改道，這種做法十分具有啟發性。這示範了運用一般化的好處。典型的歸納法證明，是先證明命題集合 {A(n)} 在 A(1) 的情況下成立，接著證明下面的蘊涵關係成立：對於任何一個 n，從 A(n) 都可以推導出 A(n + 1)，可簡寫為 A(n) → A(n + 1)。但在上面的例子裡，要證明蘊涵關係 A(n) → A(n + 1) 時卻遇到無法解決的困難。我們雖然到了能力的盡頭，卻還可以彌補。哲學家馬奎德（Odo Marquard）把這種能力稱為「彌補無能力的能力」。為了有所進展，我們用更強的命題 B(n) 取代 A(n)，這表示我們現在要證明一個更強、更一般性、甚至更雄心勃勃的命題。原因在於，比較一下 A(n) → A(n + 1) 和 B(n) → B(n + 1) 這兩個蘊涵關係，可以發現後者比較容易，或是說得更明白些：第一個根本證明不了，但第二個卻可以證明。結論 B(n + 1) 是一個比 A(n + 1) 更強的命題，照理來說應該更難證明。但在證明過程中，我們卻可以把 B(n) 的成立當作出發點，這比 A(n) 提供的彈藥來得多，也給了我們更多的可能。精髓在於：把事情弄得複雜，也就讓它變簡單了。

而實際上：純粹從邏輯上來看，更一般性的命題，也就是雄心勃勃的做法，到底比較簡單還是困難，或者是根本無法做到，我們無從得知，因為腦力激盪很少是難度循序漸增、從特例線性發展到通例的過程。而邏輯上也沒有論點支持特殊的問題一定要使用特殊的解法。適用於一般情況的解，有可能比特殊情況的解更加簡短有力。這是許多程式設計師都熟悉的事實。

從上述的討論可以得出以下的啟發式思考：試著從難度較高的做法或更具野心的計畫，來簡化原本的問題。但也必須先找到難度較高、卻比較簡單的合適題目。這個做法本身，以及找到適合的歸納假設（像上文提到的 B(n)）的特殊情形，也是一門藝術。

現在再用幾個同類型的例子來說明。

例一（大於？小於？或等於？）：下面哪個數比較大，$60^{1/3}$ 還是 $2 + 7^{1/3}$？

因為待比較的兩個數很容易計算，所以當然可以拿電子計算機來回答這個問題，但我們想在不靠任何幫助的情況下解這一題。事實上，你也可以把這個題目改成連計算機都派不上用場的樣子：下面哪個數比較大，$7999999999996^{1/3}$ 還是 $10000 + 999999999999^{1/3}$？

在此我們還是固守原來的題目，並且把計算機收起來。姑且說是不插電、沒有任何輔助的數學。

該如何透過直接運算來解題，並不是很明顯。很自然、卻不很舒服的方法，是試著將兩個數乘 3 次方，但之後會出現討厭的 2/3 次方，所以這個嘗試也胎死腹中。

但我們仍然可以帶著成功的希望選擇另一條路。不管怎樣，第二個數 $2 + 7^{1/3}$ 可以寫成 $8^{1/3} + 7^{1/3}$，而第一個數也可以變成 $[4(8 + 7)]^{1/3}$。根據這個角度和本章節的主題，我們可以提出一個更一般性的問題：哪個數比較大，$[4(x + y)]^{1/3}$ 或是 $x^{1/3} + y^{1/3}$（x、y 為非負的任意兩個數）？

如此一來，我們把題目變複雜了，現在不僅是比較兩個數，還要比較無窮多個數。如果令 $x = a^3$，$y = b^3$，就可以明顯看出這個步驟的想法。現在要比較的兩個數變成：

$[4(a^3 + b^3)]^{1/3}$ 和 $a + b$，或是取兩式的三次方：$4(a^3 + b^3)$ 和 $(a + b)^3$，也可以把它們乘開：$4a^3 + 4b^3$ 和 $a^3 + 3a^2b + 3ab^2 + b^3$。

在經歷過上面一連串的條件轉變後，現在要解決的問題便不需要特別高明的

解題技巧，一位小小計算大師也可以輕鬆求解。對於所有的正數 a、b，顯然 (a + b)(a − b)^2 ≥ 0 必會成立，也能寫成 a^3 + b^3 ≥ ab(a + b)，把兩邊同乘 3，可得 3a^3 + 3b^3 ≥ 3a^{2}b + 3ab^2，這樣就得出所求的 4a^3 + 4b^3 ≥ a^3 + 3a^{2}b + 3ab^2 + b^3。當 a = b，左右兩式就會剛好相等。解題過程的高潮便在於，當我們倒推回去，即可知道 60$^{1/3}$ 大於 2 + 7$^{1/3}$。

這個例題可說把本章的主題發揮得淋漓盡致。

例二（強化後的不等式）：請證明對所有的自然數 n，以下的不等式恆成立

$$1/1^2 + 1/2^2 + 1/3^2 + ... + 1/n^2 \leq 2 \tag{19}$$

由於前面這些討論，在此我們自然也會想到數學歸納法。為了實際運算，我們把 (19) 式的左邊簡寫成 a(n)。於是，a(1) = 1 ≤ 2，有了歸納起始點。

現在假設，在 n = k 的情況下 a(n) ≤ 2 成立。所以對於 n = k + 1，可得

$$a(k + 1) = a(k) + 1/(k + 1)^2 \tag{20}$$

現在的任務就是去證明，等號的右邊不會超過 2。這看起來是不可能的任務。只知道 a(n) ≤ 2，對於想要證明 a(n + 1) ≤ 2 一點幫助也沒有。現在困在無法克服的難題裡，歸納原則無用武之地。原因在於，a(n) 的值雖然會隨 n 變化，但 (19) 這個不等式的右邊卻是個定值。改變這一點可能是成功法門。為了提供歸納原則一個目標，我們在可控制的範圍內改寫 (19) 式的右邊。讓右式變成變動值的方法很多，我們現在用一個簡單的方式，用 n 的函數 2 − 1/n 來取代常數 2。如此一來，這個不等式甚至變得更複雜，而題目也變得更困難，至少我們現在面對的是一個更大的挑戰。但針對歸納步驟，我們還要有更強的假設可用，給予更多操作空間，而且可能是成功的關鍵。那就開始動工吧！

現在我們想證明，對所有的自然數 n，下列命題恆成立：

$$a(n) \le 2 - 1/n \tag{21}$$

通往目的地的第一步：a(1) = 1 ≤ 2 – 1/1 = 1，幸好還是對的。這是好的開始。

第二步：假設 a(k) ≤ 2 – 1/k 為真。因此我們接著計算出：

$$
\begin{aligned}
a(k + 1) &= a(k) + 1/(k + 1)^2 \\
&\le (2 - 1/k) + 1/(k + 1)^2 \\
&\le 2 - 1/k + 1/k(k + 1) \\
&= 2 - (1/k) \cdot (1 - 1/(k + 1)) \\
&= 2 - (1/k) \cdot (k/(k + 1)) \\
&= 2 - 1/(k + 1)
\end{aligned}
$$

這個證明確立了命題 (21) 在 n = k + 1 時成立。你看，我們辦到了！

靠著新的方法，我們證明出 (21) 對所有的自然數 n 皆成立。從這個涵蓋範圍更大的命題，當然可以推導出較弱的命題 (20)。這又是一個透過複雜化讓題目變簡單、透過一般化讓題目變複雜的例證。展現熟練一般化原則效力的教學實例。因為這個原則特別漂亮，所以我們再看一個例子。

例三（回到根或是開方）：請證明對於所有的自然數 m，下列不等式恆為真

$$\sqrt{2 \cdot \sqrt{3 \cdot \sqrt{4 \cdot ... \sqrt{(m-1) \cdot \sqrt{m}}}}} < 3$$

這個命題很容易一般化。我們把它放進類似的命題中，即以變數 n 取代常數 2，n 表示從 2 到 m 的任何一個數。然後可以證明，下列不等式

$$\sqrt{n \cdot \sqrt{(n+1) \cdot \sqrt{... \cdot \sqrt{m}}}} < \sqrt{n \cdot (n+2)} < n + 1 \tag{22}$$

在 n = 2 時，會得到我們想要的結果。在這裡我們選擇用倒推歸納法，這表示首

先要證明命題 (22) 在 n = m 時成立。很幸運的，將 n = m 代入 (22)，可得簡單的不等式 $\sqrt{m}$ < m + 1，這對所有的自然數 m 而言顯然是對的。

接下來，假設命題 (22) 在 n = k + 1 ≤ m 時也成立，也就是

$$\sqrt{(k+1)\cdot\sqrt{(k+2)\cdot\sqrt{...\cdot\sqrt{m}}}} < k+2$$

於是，

$$\sqrt{k\cdot\sqrt{(k+1)\cdot\sqrt{...\cdot\sqrt{m}}}} < k+1$$

因為 k(k + 2) < (k + 1)²，乘開就是 k² + 2k < k² + 2k + 1。但上面的不等式已經是命題 (22) 在 n = k 時的特殊情形。如此一來，我們的倒推歸納步驟便已經完成。這個證明已經超越我們的目標，涵蓋了不等式 (22) 在 n = 2, 3, ..., m 時的情況，而上面的過程已經證明了這個命題對這些 n 都成立。

9. 特殊化原則

特殊化原則：解題時可以先看特殊情況，然後從特殊情況的結果推廣到一般情況的解嗎？

只有理髮師擁有理髮師的手藝

——理髮師公會用過的廣告詞

熱情的小小哲學：拼圖。 大約在 2,200 年前，古希臘數學家、物理學家和工程師阿基米德寫下一篇題為〈胃痛〉（Stomachion）的著作。不像阿基米德其他的著作，這篇文獻很快便消失，遭人淡忘，一直到 20 世紀初，數學家海伯格（Johan Ludvig Heiberg）才在伊斯坦堡一個修道院的圖書館無意間發現。

這篇著作的內容引起學術界的震驚。第一眼看上去，它好像只是在描述一種類似中國七巧板的拼圖遊戲，可能是當時的一種孩童玩具。學術界很好奇，其他著作都十分具革命性的阿基米德，為什麼會花時間在這個看似微不足道的東西上？

確切來說，這份手稿在探討一個被分成 14 塊的正方形，如圖 43：

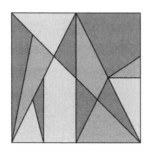

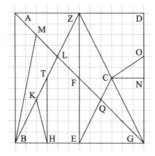

圖43：出自〈胃痛〉的拼圖遊戲和其說明

在另一篇古老的文獻裡我們也發現一份說明：「先畫一個正方形，稱為 ABGD，取 BG 邊的中點 E，然後作 EZ 垂直於 BG，畫出對角線 AG、BZ 和 ZG，接著取 BE 的中點 H，作 HT 垂直於 BE。接著拿一把尺，以 H 為基準對著 A，畫出 HK，然後取 AL 的中點 M，連 BM。如此，矩形 ABEZ 就分成了七塊。接下來，我們取 GD 的中點 N，取 ZG 的中點 C，連 EC；用尺對準 B 和 C，畫出 CO，然後再連 CN。這樣一來，矩形 ZEGD 也切割成七塊，但和第一個矩形的切法不同，而整個正方形總共分成十四塊。」

這就是讓學術界好長一段時間不知該如何將它和阿基米德搭上關係的拼圖遊戲：到底是遊戲、藝術，還是科學。這個拼圖遊戲隱含著魅力。吸引人的特點之一，在於圖 43 所畫的構圖並不是可將 14 塊元件（11 塊三角形，2 塊四邊形和 1 塊五邊形）拼成正方形的唯一拼法。直到最近，美國加州的科學家才成功算出可能有多少種拼法。這個問題可不是那麼好解決，而這位加州科學家的成就也因此

登上了《紐約時報》2003 年 12 月 14 日的頭條。如果不考慮相同大小元件的旋轉及互換位置，可將 14 塊元件拼成正方形的拼法一共有 268 種。

今日我們假設，阿基米德用這個可能拼法總數的問題來打發時間。他有沒有解出來，我們無從知道，但 268 這個數字還算小，可以靠著機敏的洞察力，運用紙筆計算出來，雖然這必定不是愉悅無比的活動。所以現在普遍認為，這個以手稿來命名為「胃痛」的 14 巧板拼圖遊戲，不僅本身是世界上最古老的謎題，而且附帶的文章也公認為是組合數學領域的第一篇文獻。組合數學是數學裡的一個分支，主要在研究物件的可能排法或選法，直到 20 世紀才成為一門學問。

你不妨自己試一試，用一些不同的方法來拼成正方形，穿越超過兩千年歲月的距離與阿基米德接觸，像這位古代天才一樣試著解決類似的難題。

向阿基米德致敬

如果古希臘詩人埃斯庫羅斯（Aischylos）被人淡忘，我們還是會記得阿基米德。因為數學概念並不像語言一樣會死亡。

—— 哈第

不過，有各種不同的正方形拼法，並不是「胃痛」遊戲的唯一特色。值得注意的還有，各塊面積與正方形面積之比，是個有理數。將〈胃痛〉擺在一張 12 × 12 的方格紙上，讓每一塊的頂點都落在格點上，就能使用基本的方法算出面積。若把每個小方格的面積當作單位面積，12 × 12 的大正方形面積就等於 144 個單位，而各個區塊的面積也都是整數值，就像圖 44 所標示的。

運用傳統公式，像是三角形面積等於底乘高除以二，當然也可以算出面積。但在這裡我們想好好利用坐標方格，選擇一個更基本的途徑，而我們要問的問題，很類似奧地利數學家皮克（Georg Alexander Pick, 1859–1942）19 世紀末時提出的問題：可以簡單地數一數一個多邊形涵蓋的格子點個數，來算出此多邊形的面積嗎？皮克以漂亮的解法，解出了格點多邊形（也就是頂點都為格子點的多邊形）的面積。雖然「胃痛」拼圖裡面只出現了邊數從 3 到 5 的多邊形，但我們也

像當初皮克那樣,直接來看一般情形。我們就用更基本的計數,來取代算術或測量。為了達到目標,還有一道較長的思考之路要走。這個方法的缺點在於過程冗長,但優點是管用,而且步驟簡單又明瞭。

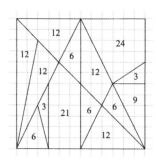

圖44:「胃痛」拼圖各區塊的面積

　　因此,我們這個小小的個案研究就是具體地針對這個問題:在使用方格紙的情況下,是否可能以及該如何只靠數出格點多邊形所涵蓋的格子點個數,來算出多邊形面積。如此一來,面積的計算就變成簡單數一數有多少個點。格點多邊形其實就是由許多線段組成的多邊形,這些線段(直線)又是由格子點連成的。就目前的討論而言特別重要的多邊形,是那些可將平面分成兩個互不重疊區域、也就是可分成多邊形內部及外部的那種多邊形。為了將這種情況抽象化,我們把這種格點多邊形稱為**簡單多邊形**。簡單格點多邊形可以切成多個三角形。多邊形的邊,是由剛剛提到的線段總體組合而成。最小的格點正方形,面積為 1。於是,所有的要件都確定了。

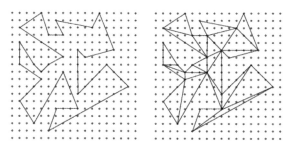

圖45:格點多邊形和其三角形分割

　　首先我們實在不知道，多邊形所涵蓋的格子點，也就是在多邊形內部及邊上的那些格子點，是否能明確地定出面積，以及是否要個別評估那些部分切割到的格點矩形，並列入考慮。所以現在我們要努力透過特殊化原則，先來看最簡單、具體的例子，藉此發展出可用來處理問題的直覺。我們以 i 表示多邊形內的格子點個數，r 表示邊上的格子點個數，F 表示面積。

　　純粹靠直覺以及根據前面看過的簡單例子，內點個數 i 越多，F 顯然也越大。因為多邊形為了多容納一個格子點，便需要空間。於是，「面積會隨著 i 線性增加」的想法就浮現了。而邊點個數 r 越多，面積 F 好像也越大。如果將多邊形放大，增添邊上的格子點，常常也會增加多邊形內的格子點，面積跟著增加。在此情況下，F 好像也會隨 r 線性增加，但是在邊上加一個點似乎不像在內部加一個點的作用來得大。現在我們必須將這個憑感覺的知識轉換成一個計畫。更確切說，現在要推導出 F 和 i 及 r 的關係，再完美無瑕地證明。理想情況下，我們可以找出格點多邊形的面積關係式 F(r, i)，只會隨內部及邊上的格子點個數而變。這是我們希望達到的目標。

　　在上述討論之後，我們可以推測 F(r, i) 是個對於兩個自變數 r 和 i 均為單調、線性的遞增函數，也就是說，可以寫成：F(r, i) = ai + br + c，其中的 a、b、c 是待決定的常數。

　　以下是目前已經檢驗過的幾個特例：

$$F(4, 0) = 1$$
$$F(3, 0) = 1/2$$
$$F(8, 1) = 4$$
$$F(6, 0) = 2$$
$$F(8, 2) = 5$$

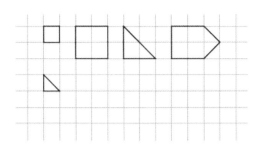

圖46：最簡單的格點多邊形

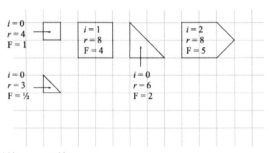

圖47：簡單格點多邊形的i、r、F值

由剛才的式子和以上的特例，我們可以寫出一個方程組：

$$4b + c = 1$$
$$3b + c = 1/2$$
$$6b + c = 2$$
$$a + 8b + c = 4$$
$$2a + 8b + c = 5$$

有個一般的法則出現了：從第 1 式和第 2 式，可得 b = 1/2，而從第 4 式和第 5 式，可解出 a = 1。將這兩個值代入任何一個方程式，馬上得出 c = −1。這麼一來我們便得到一個容易理解的式子：

$$F(r, i) = i + r/2 - 1 \qquad (23)$$

這就是我們所假設的，F、r、i 之間的關係式。對於目前所看到的例子，這個式子都成立。一個好徵兆。但這只是個開始。

　　現在，我們要先將公式 (23) 延伸到一些較為複雜的特例。這個做法十分合理：下一步我們如果不是試著從特例推廣到一般情況，就是從這些特例拼湊出一個完整的解。根據目前的發展階段，接下來的特例要來考慮頂點都是格子點的矩形和其他的三角形。我們已經知道，每個多邊形都能分割成三角形，而沿著對角線把矩形切成兩半，就有兩個三角形。所以，基本結構就是頂點位於任一格子點的一般三角形。我們現在就要用有邏輯條理的方式，仔細研究這個特殊情況。為了導航到這條道路，我們現在一步一步前進，排除有問題之處。

第一步：最小的格點正方形。
我們已經知道，在此情況下我們的公式成立。

第二步：n×m 的矩形，邊與坐標軸平行。

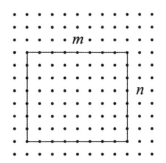

圖48：n×m 的格點矩形

在這種矩形裡，一共有 i = (n – 1)(m – 1) 個內點。而在邊長 n 或 m 的邊上，則有 n + 1 或 m + 1 個點。把四條邊上的格子點個數相加，四個頂點會重複計算，所以

四個邊上一共有 r = 2(n + 1) + 2(m + 1) − 4 = 2n + 2m 個格子點。另外，面積當然
等於 F = n · m 的乘積。因為

F(r, i) = F(2n + 2m, (n − 1)(m − 1)) = (n − 1)(m − 1) + (2n + 2m)/2 − 1

      = n · m − n − m + 1 + n + m −1

      = n · m

可得出公式 (23) 在這個情況下也是成立的。

這裡面蘊含的想法，可以輕易地應用到三角形上。

第三步：將第二步中的 n × m 格點矩形對切得出的直角三角形

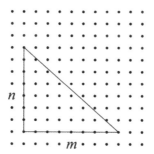

圖49：一個特殊的格點三角形

我們考慮一個短邊長為 n 和 m 的直角三角形。這個三角形的面積為 F = n · m / 2。
它一共有幾個內點和幾個邊界點？情況看起來似乎變得複雜，因為斜邊有時候只
與一些，有時候又和多個格子點相交。到底有幾個點？對於這個問題我們退避三
舍。在未定出 n 和 m 之間關係的情況下，我們就令斜邊上的格子點個數為 h，且
不把兩個頂點考慮進去。也許命運會眷顧我們，不需要明確算出 h。根據這個設
定，可得三角形的邊界點個數為 r = n + m + 1 + h，一點困難也沒有。

　　三角形內的格子點個數呢？答案可以從第二步直接推導出來。我們的三角形是由矩形對切產生的，這個矩形一共有 $(n-1)(m-1)$ 個內點。如果減去斜邊上的格子點個數 h，剩下的內點個數會因為對稱性，平均分布在對角線上下方的兩個全等三角形上。所以，這兩個三角形各有

$$i = [(n-1)(m-1)-h]/2$$

個內點。又因為

$$
\begin{aligned}
F(r, i) &= F(n+m+1+h, [(n-1)(m-1)-h]/2) \\
&= [(n-1)(m-1)-h]/2 + (n+m+1+h)/2 - 1 \\
&= (n \cdot m - n - m + 1 - h)/2 + (n+m+1+h)/2 - 2/2 \\
&= n \cdot m / 2
\end{aligned}
$$

所以這裡也能滿足公式 (23)。關於未知數 h，也十分幸運：它出現在計算過程中，然後就相消不見了。這可是數學家無比快樂的時刻。

我們繼續進行到
第四步：任意格點三角形

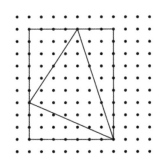

圖50：任意格點三角形

我們已經知道，公式 (23) 能夠正確算出任意矩形和任意直角三角形的面積，接下來便可以證明，這個公式對於任意的三角形也成立。雖然需要考慮一些情況，但這些三角形，除了一些不重要的細節外，看起來都像圖 51 中的任意三角形 T，加上三個直角三角形 A、B、C，就可形成一個矩形 R。

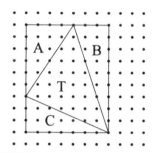

圖51：把格點三角形補成一個矩形

令 i_A、r_A 分別表示三角形 A 的內點及邊界點，而 F_A 代表三角形 A 的面積，其他的三角形和矩形 R 也以同樣的方式來標記。由於皮克的公式 (23) 可適用於直角三角形和矩形，所以我們知道：

$$F_A = i_A + r_A/2 - 1$$
$$F_B = i_B + r_B/2 - 1$$
$$F_C = i_C + r_C/2 - 1$$
$$F_R = i_R + r_R/2 - 1$$

我們現在要花全副精力，證明下面的關係式：

$$F_T = i_T + r_T/2 - 1$$

利用我們所知道的

$$F_T = F_R - F_A - F_B - F_C$$
$$= i_R - i_A - i_B - i_C + (r_R - r_A - r_B - r_C)/2 + 2 \tag{24}$$

如果是 n × m 的矩形,那麼就可知 $F_R = n \cdot m$,且 $i_R = (n-1)(m-1)$,而 $r_R = 2n + 2m$。邊界點個數的總和為

$$r_A + r_B + r_C = r_R + r_T$$

也可寫成

$$r_R = r_A + r_B + r_C - r_T \tag{25}$$

仔細數算一下內點個數,可寫出以下的方程式

$$i_R = i_A + i_B + i_C + i_T + (r_A + r_B + r_C - r_R) - 3 \tag{26}$$

等號右邊有個被加數 −3,是因為要把三角形 T 的三個頂點扣掉,以免誤算成矩形 R 的內點。將 (25) 代入 (26),可得

$$i_R = i_A + i_B + i_C + i_T + r_T - 3 \tag{27}$$

現在我們再利用 (25) 和 (27),把它們代入 (24) 的 r_R 和 i_R:

$$F_T = i_R - i_A - i_B - i_C + (r_R - r_A - r_B - r_C)/2 + 2$$
$$= (i_A + i_B + i_C + i_T + r_T - 3) - i_A - i_B - i_C + [(r_A + r_B + r_C - r_T) - r_A - r_B - r_C]/2 + 2$$
$$= i_T + r_T - 3 - r_T/2 + 2$$
$$= i_T + r_T/2 - 1$$

這就證明了公式 (23) 也適用於任意三角形。它已經包含了我們所稱的「皮克定理」的一大部分。綜合上述這些事實，現在要進行最後的編修了。要扭緊證明螺絲，就只剩下最後一圈。

需要注意的問題是：我們現在要如何從公式 (23) 在任意三角形這種特殊情況下成立，推導出它在任意多邊形的一般狀況下也會成立？這並不難。如果額外考慮到這個公式在多邊形合併時可以使用，就已經足以做出推斷，因為我們知道，每個多邊形都可以切割成三角形，因此每個格點多邊形也都可以分割成頂點均為格子點的三角形。為此目的，我們謹慎地來觀察一下，面積和格子點個數在合併時會發生什麼事。考慮兩個符合公式 (23) 的簡單多邊形 V_1 和 V_2。接著假設 V_1 和 V_2 有一條共邊，這條邊上有 k 個格子點。當我們把這兩個多邊形的共邊消去，合併成一個大的簡單多邊形 V 時，V 的面積理所當然會是

$$F = F_1 + F_2 = (i_1 + r_1/2 - 1) + (i_2 + r_2/2 - 1)$$

我們希望證明，上面這個式子會等於 $i + r/2 - 1$，其中的 i 和 r 是 V 的格子點個數。這個願望是可以實現的。為了獲得這個結果，以下的想法十分管用：V 的內點，包含了 V_1 和 V_2 的內點，再加上被消去的共邊上的 $k - 2$ 個點——這條共邊的兩個端點不能計算在內。於是，我們可以寫下 V 的內點個數：

$$i = i_1 + i_2 + (k - 2)$$

那麼 V 的邊界點個數 r 呢？推敲過程的第一個靈感，會想到加總。然而，純粹將 r_1 和 r_2 相加，也會把共邊上的 k 個點給加進去。但如果將共邊上的點減去兩次，又會忽略掉一個細節：共邊的兩個端點仍然是新形成的多邊形的邊界點。這兩個點必須再加進去。綜合以上所述，V 的邊界點個數 r 可用下面的式子來表示：

$$r = r_1 + r_2 - 2k + 2$$

最後，把這兩個代表內點個數和邊界點個數的式子代入公式 (23)，再化簡一下：

$$i + r/2 - 1 = i_1 + i_2 + (k - 2) + (r_1 + r_2 - 2k + 2)/2 - 1$$
$$= (i_1 + r_1/2 - 1) + (i_2 + r_2/2 - 1)$$
$$= F$$

正是應該出現的樣子。兩個多邊形的理想結合，真的實現了。

於是，所有的情形都考慮到了。經過辛苦長途跋涉，我們終於證明了公式 (23)，也稱為皮克公式，對於簡單的合成多邊形是成立的，而綜合先前的討論，這表示對任意的簡單多邊形皮克公式也會成立。一個發生許多事情的思維過程，開始，繼續前進，停止。它的精髓在於：如果想將面積計算化約成簡單的計數，你可以把皮克的計數方法應用在格點多邊形上。這是個基本又美麗的數學產物。在此再做一次總結：數一數內點的個數 i 和邊界點的個數 r，計算出 F(r, i) = i + r/2 - 1，結束。

我們似乎應該停下來喘口氣，享受一下成功的喜悅。

以上的個案分析顯示：先探討所要證明的陳述在特殊情況下成立，然後再從特殊情況推到一般情況，這樣也可成功做出論證。不僅如此，這還是十分基本的做法。以下的行動指示可以成為啟發式思考法：先檢驗合適的特例，再嘗試使用已經證明的特殊情況解釋一般狀況或是更多的特例。這是個在其他地方也很有用的方法，我們剛才對皮克公式的考慮也是成功的例子。

我們現在想利用另外兩個富教育價值的例子，來測試一下這個思考法。第一個例子是關於幾何的新嘗試。

一段三角關係。 假設一個任意正三角形。對三角形內任意一點 P，考慮它和三邊的垂直距離 x、y、z。對於距離和 x + y + z，我們可以做出什麼結論？

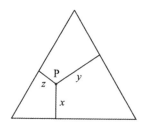

圖52：三角形內一點與三邊的距離

為了做出一個假設，及找到好的點子（如果可能的話），我們先來仔細研究一些特例。最簡單的情況，是將 P 點搬到三角形的其中一個頂點。這樣一來，它與構成此頂點的兩邊距離為零，而與對邊的距離就等於三角形的高 h。

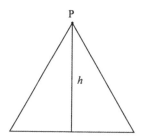

圖53：P在三角形的頂點

由此我們可以做出一個假設。我們可以說：距離 x、y、z 之和等於三角形的高 h。以符號表示就是：x + y + z = h。我們準備就緒了。

目前為止還算順利，但目前完成的事還沒什麼了不起，因為把 P 點放到頂點是相當大的讓步。

現在該如何繼續下去？為了找到其他點子，我們慢慢前進，檢視稍微一般的特例，也就是讓 P 點落在三角形的其中一邊上。大概像這個樣子：

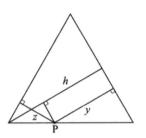

圖54：P點在三角形的邊上

　　圖 54 左邊的兩個小直角三角形全等；全等的意思就是表示，兩個圖形經過平移、旋轉或鏡射後，仍可以重疊。這裡符合全等的條件，因為兩個小三角形的斜邊相等，且斜邊的兩個鄰角都各為 30° 和 60°。如此可得 y + z = h。因為這個情況下 x = 0，所以就像上個情形一樣，也得到 x + y + z = h。情勢慢慢開始變得可觀了。

　　下一個步驟是緊要關頭，但我們所用的方法有合理的機會。事實上：如果現在把 P 點放在三角形的任何一個位置，我們都可以把前一個情形得到的理解轉移到這裡。方法就像下圖所示：

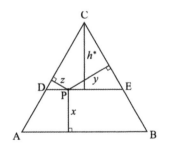

圖55：P點在三角形的任意位置

線段 DE 和 AB 平行，並且通過 P 點。三角形 DCE 和大三角形一樣，也是正三角形，因為它具備以下的等價性質：所有的內角皆為 60°。而 P 點落在這個小正三角形 DCE 的其中一邊上。這時候我們可以主張剛剛的特例；一個有效的結論便是 h* = z + y 這個方程式。再將顯而易見的關係式 h = h* + x 加進來之後，馬上

就出現 h = x + y + z，於是就證明了一般情形下的結果。這個稱為維維亞尼定理的基礎幾何定理，是以義大利數學家維維亞尼（Vincenzo Viviani, 1622–1703）來命名的。月球上也有一個月坑以他命名。

這個定理有個漂亮的應用就是，固定和 a + b + c = 常數的三個量的連比 a : b : c，可以用三角形裡的一點來表示。這也是我們所說的三線坐標。

整除規則。 以 b 為底數的進位制寫成的數字 m，什麼時候可被 b – 1 整除？

這是個帶來一些難題的問題。為了運用目前所談的啟發式思考法，我們在這裡也要試著從特例切入，看能不能對這個問題有更深刻的理解。我們最熟悉的特例，就是在學校裡所學的——底數 b = 10。於是，我們現在要來看熟悉的十進位制，而眼前的問題是數字 m 能否被 9 整除。假設 m 為十進位制下的 n 位數，從個位數開始每一個位數的數字分別是 d_0、d_1、……、d_{n-1}。也就是說：

$$m = d_{n-1}d_{n-2}\cdots d_1d_0$$

以更詳細的寫法來表示，就是：

$$m = d_0 + 10d_1 + 100d_2 + \cdots + 10^{n-1}d_{n-1}$$

或是寫成

$$m = (d_0 + d_1 + d_2 + ... + d_{n-1}) + [9d_1 + 99d_2 + ... + (9 ... 9)d_{n-1}]$$
$$= (m \text{ 所有位數的數字和}) + 9[d_1 + 11d_2 + ... + (1 ... 1)d_{n-1}]$$

這裡已經出現了容易處理的情況，把我們帶往這個問題：可以從 m 的表示式看出是否能整除嗎？但願如此：如果 9 可以整除 m，那麼 m 所有位數的數字和也必定可被 9 整除。反之亦然：若 m 所有位數的數字和可以被 9 整除的話，m 本

身也可以被 9 整除。就這樣我們獲得了也許在求學時代還記得的說法：一個十進位數可被 9 整除，若且唯若它的所有位數之和可被 9 整除。

我們現在要從更細微的角度，來看看為什麼這個命題成立。很顯然，這是因為在十進位制裡，將 10 的次方減 1 所得的每個數，也就是 9、99、999 等，是由 9 組成的數串，所以能被 9 整除。這個美好的整除性質和我們所用的證法，好像是我們採用的數字系統的一大特色。

現在試著脫離特例，進入一般情形。如果是一個有許多根手指、用十七進位制來計數的外星人，或是以八進位來作業的程式設計師，又或是二進位的電腦，這個問題會變成什麼樣子？

我們現在試著以十進位制時用的方法，來分析一般的情況。第二次嘗試時，我們假設 m 為 b 進位制下的 n 位數，它的所有位數分別是 $d_0, d_1, ..., d_{n-1}$。因此

$$m = d_{n-1}d_{n-2} ... d_1 d_0$$
$$= d_0 + b \cdot d_1 + b^2 \cdot d_2 + ... + b^{n-1} \cdot d_{n-1}$$
$$= (d_0 + d_1 + ... + d_{n-1}) + [(b-1)d_1 + (b^2-1)d_2 + ... + (b^{n-1}-1)d_{n-1}]$$

到目前為止還沒有問題。但接下來該怎麼辦？十進位時，底數的次方減 1 所得的數字算好處理，但是在底數為 b 時，我們不知道這些數字長什麼樣子。不過，我們最後只需要知道，對於所有的自然數 b 和 k，$b^k - 1$ 可以被 b − 1 整除。如果可以知道這個事情，那麼便可記下與十進位制類似的結果，然後將前面的想法推廣到一般情形。就如同命中注定，我們可以利用數學歸納法證明 $b^k - 1$ 可被 b − 1 整除，而且有一個平凡的序幕：

歸納起始點：$b^1 - 1 = b - 1$，顯然可被 b − 1 整除。

證明過程的第二個部分，也在容易做到的範圍內。

　　歸納步驟：假設 $b^k - 1$ 可被 $b - 1$ 整除。這僅僅表示，有一個自然數 z 存在，可滿足 $b^k - 1 = (b - 1)z$。那麼 $b^{k+1} - 1$ 也可被 $b - 1$ 整除嗎？經過簡單的運算，我們可以達到目的地：

$$b^{k+1} - 1 = b(b^k) - 1$$
$$= b(b^k - 1) + b - 1$$
$$= b[(b - 1)z] + (b - 1)$$
$$= (b - 1)(zb + 1)$$

當然是 $(b - 1)$ 的倍數。這表示：對於每個自然數底數 b 和每個自然數 k，若 $b^k - 1$ 可以被 $b - 1$ 整除，則 $b^{k+1} - 1$ 也能被 $b - 1$ 整除。這是個毫無缺點的歸納過程。證明完畢。

　　這件事有非常大的幫助。我們把它與之前的表示式合併在一起：

$$m = (m \text{ 所有位數的數字和}) + [(b - 1)d_1 + (b^2 - 1)d_2 + ... + (b^{n-1} - 1)d_{n-1}]$$

加上已經知道 $b - 1$、$b^2 - 1$、$b^3 - 1$ 等項能夠被 $b - 1$ 整除，我們便脫離困境了。利用一個自然數 x，就得以寫下：

$$m = m \text{ 所有位數的數字和} + (b - 1)x$$

從這裡馬上就可以看出，對任何自然數底數 b，以下的結果都成立：

　　以 b 為底數的數 m 可被 b - 1 整除，若且唯若它的所有位數之和可被 b - 1 整除。

10. 變化原則

我是不是可以透過控制改變問題的某些層面，從新的角度來觀察，對原本的問題有更深入的理解，進而解開問題？

高爾夫球不過是昂貴版的彈珠遊戲。

——卻斯特頓（G. K. Chesterton），英國作家

駱駝是委員會設計出來的一種賽馬。

—— B. 施勒匹（B. Schleppey），美國記者

　　福斯貝里（Richard Fosbury）1968 年奧運跳高比賽騰空過杆時，裁判聚在一起，針對他們看見的動作到底是否被允許進行一番討論。當時發生了什麼事？在這之前，跳高選手的主流跳法是先慢慢地助跑，再以腹滾式越過橫杆。但福斯貝里卻迅速地助跑，左腳當作支撐點，令人吃驚地在橫杆前轉身，後背朝下越過橫杆，這種跳高方式讓所有人瞠目結舌。一開始，大家把這位過去未曾於跳高比賽項目露臉，自稱是二流運動員的福斯貝里視為小丑，還嘲弄他。但等到 1968 年 10 月 20 日墨西哥市奧運跳高決賽當天，他在四個小時的競賽後讓橫杆升到新紀錄高度 2 公尺 24 時，便沒有人嘲笑他了。福斯貝里成功跳過這個高度，贏得金牌。他自創的福斯貝里式（背向式）跳法，在短時間內便盛行全世界。

　　在這個章節裡，我們要來看變化原則。福斯貝里從根本上改變了躍過橫杆的方式，而且達到前所未有的成功：這是個解決「跳高問題」的嶄新方式。在這裡和許多情況下，目標明確的改變策略是十分有益的。這種策略幾乎可以針對所有問題，在與問題保持任意距離的情況下提出新的、但類似的問題，其答案可以為原始問題提供新的見解。

　　如果我用了夠多不同的方式做了夠多不同的事情，我終究有可能做對某

件事情。

——**艾胥利‧布里恩特（Ashleigh Brilliant），柏克萊的街頭哲學家**

我們就以法蘭德斯數學家史蒂文（Simon Stevin, 1548–1620）對於斜面上受力分布的研究為例，這個研究被當成是槓桿定律的里程碑。史蒂文想弄清楚，像下圖這樣，一條線的兩端綁著砝碼，放在兩個不同斜面的同一高度上，會發生什麼情況，兩個砝碼又會在什麼時候達到平衡。

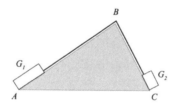

圖56：斜面上的砝碼

為此他想出一個巧妙的想像實驗，完全符合改變策略的精神。第一步，他先將砝碼與線改成掛在三角形兩邊的可動滾珠鏈。

圖57：掛在斜面上的珠鏈

第二步，他補了一段珠鏈，變成一條閉合的珠鏈，且每單位長度的重量為 g。

圖58：掛在斜面上的閉合珠鏈

現在只可能有兩種情況。鏈子若不是開始移動，就是處於靜止狀態。如果移動的話，鏈子的狀態並不會改變：如果滾珠能夠任意小，在小小的移動後看起來還是像圖 58 一樣。在沒有摩擦力的情況下，珠鏈會永遠處在移動狀態，呈現一種「永恆運動」的狀態，也就是一種不需從外界獲得能量、靠著本身的動力就能維持並且做功的運動。但史蒂文已經知道這是不可能的，所以珠鏈一定處於靜止狀態（反證法！）。

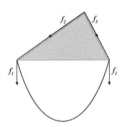

圖59：斜面上的受力狀況

考慮到對稱性，史蒂文就能夠斷定，左邊和右邊受到同等的作用力 f_1。因為分析的是珠鏈的靜止狀態，所以鏈子的下半部可以捨棄。因此圖 58 的力學結構便與圖 57 相等。現在，若 G_1 和 G_2 分別為邊長 c 和 b 的三角形兩邊上懸掛的重量，那麼

$$G_1 = c \cdot g$$
$$G_2 = b \cdot g$$

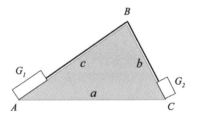

圖60：斜面上的力平衡

由此便產生著名的槓桿定律：

$$G_1/G_2 = c \cdot g / b \cdot g = c/b$$

　　用文字來說明就是：如果重量 G_1 和 G_2 與三角形邊長成正比，就會達到平衡位置。或是換個方式來說：在同高度的斜面上，相同的重量造成的作用力與斜面長度成反比。這個關於我們生存世界的定律，並非經由實驗結果，而是透過特別迷人方式，使用才智深思熟慮而來。一個五百年前精妙、極富機智的改變策略。直到今日，我們還是能夠感受到史蒂文當時歡欣鼓舞地用他的母語佛萊明語[9] 喊出：「Wonder en is gheen Wonder」（多麼神妙，卻又並非無法究其蘊奧），而且把這個圖如同徽章一樣，驕傲地呈現在他的著作《流體靜力學原理》封面上。

圖61：史蒂文著作《流體靜力學原理》的封面

我們現在來看看其他運用到變化原則的例子：

上山和下山。　　一個登山客早上 7 點開始爬山，17 點時抵達頂峰。他在小茅屋

9　比利時荷蘭語的舊稱。

裡過夜，隔天早上 7 點循著原路下山。下山時他思考著，有沒有哪個地點，他在上山與下山時剛好在同一個時間點經過。

我們可以思考，上山和下山時的速度是否有影響，是否與路徑有關，或是具備這項性質的地點會在什麼時間走到。但這些想法十分不利解題，就算能用它們成功解開問題的繩結，也得大費工夫。洞察問題更簡單的方法，是在不改變其本質的情形下變化問題。

首先，我們將題目改成分別是兩個人上山和下山。用兩個人！很明顯地，這對問題的本質來說是個微不足道的變化。其次，我們讓兩個人並非相隔一天，而是在同一天同時於早上 7 點出發。同時間用兩個人！一個人從山腳走向山頂，另一個人從頂峰走向山腳。同時間用兩個人，但讓彼此能相遇！如此一來，問題所問的地點便是兩人交會的地方。兩人相遇的點必定存在，因為他們是在同一條路徑上對向行走。採取的兩項變化以絕妙的方式穿越彌漫不清的迷霧，讓答案顯得平凡無奇。

軍中變革

在美國哈佛大學，每年都會頒發「搞笑諾貝爾獎」，給那些本身立意嚴肅、但具有幽默滑稽特色的研究工作和活動。2000 年的和平獎得主是英國皇家海軍，獲獎理由是他們在軍事行動方面做了值得效法的改變。演習時，皇家海軍為了省錢，槍手不射空包彈和空包手榴彈，而是讓他們對著目標發出「砰！砰！」的喊聲。這個措施一年可省下超過一百萬英鎊。但在受訪時，許多水手都十分鬱悶，因為他們的勤務成了笑柄。

每個靈感都值得受到獎勵，或是至少自己給自己讚賞。在每個贏得新知的時候犒賞自己，保持思考的喜悅。或是你可以像阿基米德一樣，大聲歡呼，但最好別像他一樣沒穿衣服在田野間邊奔跑邊呼喊：「我找到了！我找到了！」在這個有名事蹟之前，發生了什麼事呢？希倫二世（Hieron II）成為敘拉古（Syrakus）的新統治者。為了適當地感激眾神的寵愛，他想奉獻一個純金打造的皇冠向眾神致謝。為此，他交給金匠一塊可觀的金條，用它來打造這個皇冠。但希倫二世懷

疑金匠私吞了一部分的黃金，沒有將整塊金條用在皇冠上。雖然測量的時候發現皇冠和原本金條的重量相同，但金匠仍有可能將一部分的黃金偷換成較不值錢的金屬，儘管分量沒多到影響黃金的顏色，卻足夠讓他賺取暴利。

在此背景下，希倫二世拜託當時赫赫有名的阿基米德再檢查一次皇冠。

阿基米德（西元前 285–212 年）當然知道，其他金屬的密度不可能和黃金一樣。如果金匠將一部分的黃金換成同等重量、但密度較大或較小的金屬，那麼皇冠的體積必會小於或大於金條的體積。但是要如何決定皇冠的體積？皇冠的形狀十分不規則，幾乎不可能使用傳統的方法得知。

阿基米德思考了很久，想找出可能的方法——有一次他去公共澡堂，也在思索這個問題。就在那裡，他靈光乍現。他坐進放滿水的浴池，發現水往外溢。從這個現象，他得出一個結論：身體的體積會等於溢出的水的體積。阿基米德馬上跳出浴池，一邊大喊著：「我找到了！」一邊跑回家。他利用類似的程序（類推原則！）定出皇冠的體積：將皇冠放進一個裝滿水的容器，收集溢出的水，接著再與等重金條放到水中溢出的水量比較。根據傳說，阿基米德向國王證明了金匠偷工減料。

現在我們來看一些具體的數學問題，學習使用變化原則。

道路工程障礙。 在 A 地和 B 地之間應該建造一條道路，越短越好。有條寬度為 d 的河流分隔兩地，此外就沒有其他東西阻礙道路工程進行。應該在哪個位置造橋跨河呢（方向當然要與河流垂直）？

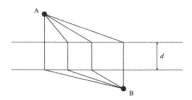

圖62：A地和B地之間可能的路線

我們的第一個建議：簡化問題！簡單就是力量。把河流想成一條寬度為零的

涓涓細流，改變問題。如此我們就必須在腦海中把河的南岸和 B 地往北移 d 個單位。河的南岸便到了北岸，而 B 地移到了 B* 地，也有了新的位置圖：

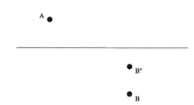

圖63：腦海中的問題變化：河寬變成零

經過小小的整容手術後，河水不再是阻礙。但這也表示：A 地和 B* 地之間的連線最短，也是變化後的問題的答案。

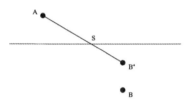

圖64：變化後問題的解

針對原本的問題，我們可以看出什麼？如果把圖 64 的情況再改變一次，將河的南岸、B* 地和一部分的連線向南移 d 個單位，便可以看得一清二楚。這樣就得到下圖：

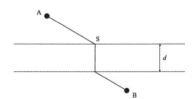

圖65：原問題的解

現在就很清楚，在考慮障礙物的情形下，要如何設計 A、B 兩地間的聯絡道路：把 A 點和輔助點 B* 之間的連線切開，一部分往南移 d 個單位，然後再在 S 點蓋一座橋，以符合過河的需求。

賽局理論的關鍵時刻。　K 先生和他的太太在玩以下遊戲：K 太太洗一副有 52 張的普通撲克牌，放在桌上，然後一張接著一張翻開最上面一張牌。K 先生可以隨時打斷他的太太，以一歐元的賭注（輸贏都是一歐元）賭下一張牌會是紅色，也就是紅心或方塊。他一局只許賭一次，倘若中途都沒打斷翻牌，他就一定得賭最後一張牌。K 先生應該採取哪種策略？

即使對一個天天訓練，喜好苦思冥想的人來說，這也不是件簡單的事。我們可以猜測，K 先生可以等到剩下的牌當中紅花比黑花還要多時，再下賭注，給自己製造機會，這樣一來他贏的機會就大於 50%，等於紅花占剩下牌的比例。這是我們第一次嘗試縮小理解上的差距。但這嘗試一無所成，因為令人不悅的是，這種有利的狀況有可能永遠不會出現。如果沒出現，K 先生便有可能因為他的策略陷入失敗的一方。事先無法知道如何推測整體情況。為了還是能執行策略，我們假設 K 先生採取某種任意停止策略 S。這個策略就是，要麼直接在第一張牌下注，或是不下注讓一半的牌翻完，或是像剛剛提到的，等剩下的牌當中紅花的比例大於 50%，如果這種情況沒出現，賭最後一張牌也好。

現在必須來一個新的點子。我們把想法放在改變遊戲規則，但不改變 K 先生贏的機率。新的遊戲版本中，K 先生還是像之前一樣打斷太太，但他卻不是賭牌堆的下**一張**，而是**最後一張牌**。

這個遊戲規則變化會帶來什麼結果，或是不會造成什麼影響？有一件事很明顯：這當然是一種新的遊戲，但是 K 先生獲勝的機會仍然保持不變。我們很容易察覺，**最後一張牌**在任何停止位置是紅花的機率，和下**一張牌**是紅花的機率一樣。也就是說，上面提到的停止策略 S，在新的遊戲中的獲勝機率和在舊的遊戲中相同。有了這番啟示，就很容易看出遊戲的本質。嚴格說來，新的遊戲也就是個差勁又無聊的遊戲：如果牌堆的最後一張牌是紅花，K 先生就贏，反之則輸。

換言之，與他選的策略毫不相干。這項進一步的洞察帶領我們找到答案。在任意
選擇的策略下，K 先生的獲利期望值為

$$(+1) \cdot P(\text{最後一張牌是紅花}) + (-1) \cdot P(\text{最後一張牌不是紅花}) =$$
$$(+1) \cdot 1/2 + (-1) \cdot 1/2 = 0$$

　　所得的結論：這是個公平的遊戲，K 先生雖然有時候贏，有時候輸，但平均
下來沒輸沒贏。另外，不管 K 先生使用何種策略，遊戲仍保持公平，不僅沒有
能讓 K 先生取得優勢的策略，也沒有讓他平均來說居於劣勢的策略。

11. 不變性原理

系統裡有沒有一些性質，是在系統本身允許改變時也保持不變的，而從這些性質可以推導出系統可能的發展結果嗎？

我們隨時提供午茶輕食。

——法國蒙馬特藝術家餐廳裡的告示牌

我們提供各種語言的影本。

——印度一家影印店的公告

不變性（invariance）的意思就是不會改變。一個能夠操作或改變的系統裡如果具有在過程中不會改變的部分，這些部分就稱為不變量（invariant）。

不變量的概念在許多領域都出現，在自然科學中特別有用。整個宇宙中最重要的不變量便是光速。光速的不變性原則，是愛因斯坦狹義相對論的基石。我們現在就來稍微詳細探討這件事。

所有的一切都從那個已經成為傳奇的實驗開始。1887 年，邁克生（Albert Michelson）和莫雷（Edward Morley）為了證明「以太」這種神祕物質是否存在，於美國克里夫蘭展開了實驗。當時的頂尖物理學家都認為，宇宙中充滿以太，作為光傳播的介質，就如聲波在空氣中傳播一般。地球在軌道上繞太陽公轉時彷彿被以太風吹過，因此逆著以太風的光線，測得的速度應該會比垂直於以太風方向的光線來得慢。

一連串特別重要的嘗試開始於 1887 年 7 月。在進行昂貴測量的期間，為了不讓精密的儀器受到干擾，還把克里夫蘭的道路交通全部封閉。儘管如此，邁克生和莫雷在分析完測量數據後，仍宣布實驗失敗。總之，他們並沒有測量到光的傳播速度差異，這讓物理學家大感意外。

但為什麼這個結果引起騷動？這是因為，我們在平常的物質世界裡，習慣了所有的速度是可以相加減的。例如火車上有個乘客朝著火車前進的方向行走，從

最後一節車廂走到餐車，在火車外的靜止觀察者看來，乘客移動的速度便是火車速度和本身行走速度相加之和。由此類推，大家就會預期，移動中的物體發出的光線也會是這個情形，對靜止觀察者而言，以太風與地球之間的相對運動必會影響光的傳播速度。然而，邁克生和莫雷的測量結果卻顯示不是這麼回事。測量的結果實在不可思議，他們甚至懷疑自己所做的量測值，不相信實驗結果。

但到了 20 世紀初，有個人不這麼想。這個人認為邁克生－莫雷實驗提供了正確的數據。他認為光速不會像其他速度一樣能相加減，主張光速的不變性。他提出這個想法時，還只是瑞士伯恩專利局的三等技術員。他的名字是阿爾伯特・愛因斯坦。

愛因斯坦將光速視為絕對、恆定不變的速度，與參考坐標無關，也與光源或觀察者或兩者是否處於運動狀態無關。愛因斯坦利用想像實驗，進一步思考和發展這個想法。在這當中，他偶然想到了時間流逝的問題。愛因斯坦在腦袋中解釋，如果時鐘有或快或慢的運動速度，會發生什麼情形。通常每種計時法都以某種週期性的事件為基礎，例如鐘擺、石英或原子的振盪。如此一來，時間的流動便可分為等長的間隔，然後就能計算。

舉例來說，我們現在有一個所謂的光鐘。它的構造就只是個圓柱，頂端裝了閃光燈泡，會以 c = 300,000 km/s 的速度朝圓柱底部發射出閃光訊號。圓柱底部裝了一面鏡子，可將訊號反射回頂部，此時頂部的計數器便往上加一個單位，並立刻射出下一道閃光。如果圓柱的長度 l = 15 公分的話，那麼這個光鐘的時間節奏就為

$$\Delta t = 2 \cdot 1 \, /c = 2 \cdot 0.15 \, \text{m} \, / \, (3 \cdot 10^8 \, \text{m/s}) = 1 \cdot 10^{-9} \, \text{s} = 1 \, \text{ns}$$

也就是 1 毫微秒（或奈秒，即十億分之一秒）。

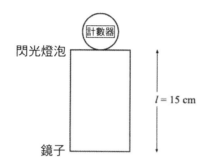

圖66：光鐘的原理

　　換句話說，光鐘只是個具有特定長度的裝置，有個光子在裡面不停地來回振盪，因為它總是會從下方的鏡子反射回來。

　　圖 66 顯示了靜止觀察者所看到的光鐘，或是像物理學家說的，是從靜止坐標系的角度來看。但如果光鐘以速度 v，沿著垂直於光子在圓柱內移動的方向前進，會發生什麼事？如果光子從發出閃光的那一刻便開始計時，或是用我手上電子錶使用說明上的語言：「時間現在開始。」

　　從光鐘系統之外的靜止觀察者眼中看來，光子在運動系統裡跑的路徑是斜線。根據牛頓物理學，光鐘內的光子因為速度相加，移動的速度必定會比 c 還要快。但是愛因斯坦將光速恆定原理考慮進去，所以對靜止觀察者來說，在移動光鐘裡來回斜線振盪的光子的移動速度也是 c。但現在它從頂端到底部所走的距離較長，因此對光子本身而言，從圓柱頂端到達底部所花的時間較久。這就是光速恆定不變的簡單結果。也就是說，比起靜止的光鐘，移動的光鐘具有較長的週期，在裡面時間走得比較慢。運動中的時鐘走得比較慢，這是相對論奇妙驚人的結果之一。這種現象稱為時間膨脹，不僅發生於光鐘上，任何一種過程甚至時間本身，都會出現這個效應。

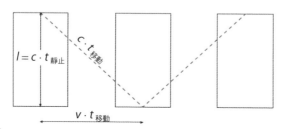

圖67：運動中的光鐘

　　為了量化這個現象，我們先來考慮靜止光鐘裡的光子，從圓柱頂部走到底部需要多少時間。我們稱這段時間為 $t_{靜止}$。於是，頂部到底部的距離就會是 $c \cdot t_{靜止}$。我們還不知道移動光鐘裡的光子需要多少時間，就先把這段時間稱為 $t_{移動}$。如此一來，移動光鐘裡的光子走過的距離長度就是 $c \cdot t_{移動}$。而整個光鐘向前移動的距離等於 $v \cdot t_{移動}$。至於圓柱頂部到底部的距離，則可從靜止光鐘來判斷，也就是 $c \cdot t_{靜止}$。因為我們要處理的是一個直角三角形，所以可以使用畢氏定理，得出：

$$(c \cdot t_{靜止})^2 + (v \cdot t_{移動})^2 = (c \cdot t_{移動})^2$$

也可寫成

$$(c \cdot t_{靜止})^2 = t^2{}_{移動}(c^2 - v^2)$$

或是

$$t^2{}_{靜止} = t^2{}_{移動}(1 - v^2/c^2)$$

即

$$t_{移動} = t_{靜止} / \sqrt{1 - v^2/c^2}$$

就是這個：愛因斯坦著名的時間膨脹公式。如果移動速度為 v，時間本身就會比靜止狀態下走得慢，而且慢了

$$\sqrt{1 - v^2/c^2}$$

> 「你指的是現在嗎？」
> ——美國職棒明星球員尤吉・貝拉（Yogi Berra）
> 對下面這個問題的回答：「現在幾點？」

不過，對於出現在日常生活中的速度，這個效應非常小，根本感覺不到。但這是個真實的效應，並非表象或是幻覺。它牽涉到相對於靜止狀態的時間差，得靠足夠精確的時鐘才能測定出來。

因為愛因斯坦，時間失去了它在牛頓物理學上及日常生活經驗中的絕對特質。這是相對論既迷人又令人吃驚的結果。天才地超越了日常生活現實。由於這個和其他的結果以及他本人的個人特質，愛因斯坦很快就躍升到流行文化的偶像地位，幾乎就像之後的搖滾巨星。

藍色星球之星（2）：愛因斯坦——生平和成就

1905 年的某天早晨，愛因斯坦帶著興奮萬分的感覺醒來，此時他還是瑞士專利局的職員。前一天他與朋友貝索（Michele Besso）針對空間與時間有一番具有啟發性的討論，此刻他腦海中正是對於狹義相對論的初步想法。大約六個禮拜之後，他便將完成的論文交給《物理學年鑑》（*Annalen der Physik*）期刊的編輯，準備發表。幾個禮拜過後他發現一些沒考慮到的事情，並寄了三頁的補充。在一個熟人面前愛因斯坦提及，他對於這個結果的正確性也不是十分有把握。但他在論文裡卻充滿自信地以下面這段文字開始：「不久前我在此發表的電動力學研究結果，有個十分有趣的結論，本文中就要推導這個結論。」在論文結尾的最後六行他終於寫下了它。一個改變世界的公式：$E = mc^2$。

相對論的其中一個重點在於，太陽的質量會使從附近通過的光的路徑發生彎折。遙遠恆星發出的光在到達地球時，就算只是受到極小的影響，仍會在太陽附近被偏折。1919 年，兩組科學探險隊出發前往熱帶地區，計畫在觀測 5 月 29 日的日全食時，測量太陽重力場裡發生的光彎折現象。其中一組在英國天文學家愛丁頓（Arthur Eddington）帶領下，前往西非幾內亞灣的普林西比火山島。第二支隊伍則在巴西的索布拉爾（Sobral）觀測日食。愛因斯坦根據自己的理論做了預測：「從太陽附近通過的星光會偏移 1.75 弧秒。」

9 月 22 日，極度費時的觀測結果分析才完成了一部分，荷蘭諾貝爾獎得主勞侖茲（Hendrik Lorentz）就發了電報給愛因斯坦：「愛丁頓發現太陽表面附近的星光偏移，暫時的大小介於十分之九秒到兩倍的值之間。」愛因斯坦收到電報

時，正坐在母親的病榻旁。

1919 年 11 月 6 日，在倫敦皇家學會的會議上正式公布了兩支日食觀測隊的結果，愛因斯坦的理論獲得證實。皇家學會主席聲明：「這個結果是人類思想史上最偉大的成就之一。」愛因斯坦一夜成名。幾乎沒有一家報紙用極度讚美之詞報導他。「世界史上的新偉人」，這句話寫在 1919 年 12 月 14 日的《柏林畫報》封面，愛因斯坦的照片底下。

1971 年，物理學家哈斐勒（Hafele）和基亭（Keating）進行了一項有趣的實驗，直接測量相對論性的時間膨脹。這兩位科學家在飛機上同時放了四台銫原子鐘，一次往西，一次往東環繞地球一圈，並精確記錄時間。飛行實驗的結果十分準確地證明了愛因斯坦的理論所預測的時間膨脹效應。往東飛的飛機上，四台銫原子鐘分別慢了 57、74、55 和 51 奈秒，與理論估計值 40 ± 23 奈秒相符。而往西飛的飛機上，銫原子鐘分別快了 277、284、266 和 266 奈秒，也符合理論值274 ± 21 奈秒。因為飛行運動的測量是相對於地球表面來做的，且地球並非等速直線運動的系統，故讓實驗複雜了起來，也因此會與理論值有誤差。到此為止，我們的郊遊已到達現在事物的邊緣。

愛因斯坦移居美國，來到普林斯頓高等研究院時，已經舉世知名。一大群人跑來聽他的第一堂講課。愛因斯坦說：「我根本沒想到美國人竟然對張量分析那麼感興趣。」

——出自艾伍士（Howard Eves）：
《數學回憶錄》（*Mathematical Reminiscences*）

不變性原理是用途十分廣泛，極為有效的啟發式思考工具，因為在許多領域和問題情境中都可以發現不變量的蹤跡，特別是在數學這個領域。總而言之，不變量是個可指派給特定數學物件的量，即使物件本身有變動，這個量也不會改變。以下是個典型的應用：我們必須研究一個特定情況，此情況可能受到一定的變化，在這些變化裡有一個性質保持不變，這便是不變量。我們將它稱為函數 f，

然後假設有一個真正的起始狀態 A 和所求的最終狀態 B。如果不變量

$$f(A) \neq f(B)$$

那麼我們就不可能藉著情況可能發生的變化，從起始狀態轉變成所求的最終狀態。

我們現在用下面的例子來說明不變性原理的應用：

總共有 2n 個碗排成圓形。每個碗裡有一顆球。每次隨機選一個碗，如果在它左右兩邊的碗中還有球，便將這兩顆球放到選中的碗裡。如果左右兩邊的碗裡沒有球的話，就什麼事都不做。一連串的動作之後，有可能所有的球都放進同一個碗中嗎？

第一步，先寫下 m = 2n，並將碗標上 0、1、...、m − 1。另外我們再定義一個量 s：

$$s = 0 \cdot a_0 + 1 \cdot a_1 + 2 \cdot a_2 + ... + (m - 1)a_{m-1}$$

a_k 代表編號 k 的碗中的球數。現在我們來研究每做完一次動作後，s 這個量的表現。假設我們從 k 碗的左右兩個碗中各拿了一顆球放在 k 碗裡。新的量 S 因為經過 $a_k \rightarrow a_k + 2$ 以及 $a_{k-1} \rightarrow a_{k-1} - 1$ 和 $a_{k+1} \rightarrow a_{k+1} - 1$ 的變化，與舊的量 s 相比就是

$$S = s - (k - 1) - (k + 1) + 2k = s$$

換句話說，這個描述狀態的量是個不變量。另外我們也看見，起始狀態下的量就等於

$$S_A = 0 + 1 + 2 + ... + (m - 1) = m(m - 1)/2$$

而且不能被 m 整除，因為 (m − 1)/2 並非自然數。另外，所求的最終狀態下的量為 $S_B = k \cdot m$，顯然可以被 m 整除。因此，S_A 和 S_B 必定相異。結論就是：所求的最終狀態無法從起始狀態達成。

　　尋找和應用不變量，屬於所有聰穎解題者心智上的肢體語言。成功辨別出不變量常常變成有利的輔助工具，因為你可以藉由不變量找出許多方面差異十分大的情況有什麼共同性質。

　　所有生活情境下都會遇到不變量。有個基本的例子，就是在洗牌的時候。在一共有 32 張牌的「斯卡特」牌戲中，洗牌時牌數和 J 的張數保持不變，但兩張牌之間的距離會改變。這再明顯不過，幾乎不必說也明白。但如果洗牌時只允許切牌，便新增了一個有趣的不變量：任意兩張牌之間的相對位置。舉例來說，如果在切牌之前梅花 J 是在方塊 Q 下面的第五張，那麼任意切牌之後的情況仍然是如此，譬如 n 張牌在沒有改變順序的情況下從牌堆上方挪開擺到桌上，然後將剩下的 32 − n 張牌堆一起擺到 n 張牌的上面。在切牌過後，梅花 J 還是在方塊 Q「之後」被發出來，如果「之後」被理解成牌堆最後一張牌發完後再從最上面繼續。會發生這個情況，是在切牌時如果切到方塊 Q 之前或包含這張牌的時候。

排列下的不變性

　　1978 年 12 月 2 日在沙烏地阿拉伯的吉達（Jiddah），有位父親同時把兩個女兒嫁出去，但在交手給新郎時卻弄錯了。典禮時，他糊塗地將兩對新郎與新娘的名字搞混。婚禮幾天後，兩個女兒和父親解釋她們不願意離婚，因為兩人對各自的丈夫都十分滿意。

　　　　　　　　　　　　　——出自《穆斯林詢問報》，1978 年 12 月

　　最後，我們來展示第二個成功應用新工具的案例。

前往動物世界探險，或是「我的變色龍是什麼顏色？」　一個小島上住著 13 隻灰色、15 隻咖啡色和 17 隻粉紅色的變色龍。如果兩隻不同顏色的變色龍相遇，

牠們會同時改變成第三種顏色。兩隻同色的變色龍相遇的話，則什麼事也不會發生。有可能小島上的所有變色龍最後都變成同一種顏色嗎？

　　不變性原理將可決定問題的答案。但我們必須先建立行動所需的一般條件。如果將灰色、咖啡色、粉紅色這三種變色龍的隻數 13、15 和 17 除以 3，餘數分別為 1、0 和 2。在簡短的思考準備後，不變性原理的有效程度大到解答幾乎是一眼就能看出。任兩隻變色龍相遇之後，各顏色的既有數量除以 3 的餘數仍是這三個數（不一定非得同個順序）。第一次相遇後，餘數分別是 0、2、1，不管是哪兩種不同顏色的變色龍相遇。下一次會變色的相遇時，餘數就變成 2、1、0，接著是 1、0、2，又回到初始狀況下的餘數。我們可以從不變的餘數中得出什麼結論？就是這個：在變色龍族群裡一定至少有兩種顏色存在，而且所有 45 隻不可能變成同一種顏色，這樣子便會出現 0、0、0 的餘數。

　　這又是一個使用不變性原理得到的知識。

12. 單向變化原則

在系統經歷了可允許的改變下，系統中有沒有一些性質只會以一種特定方式改變，且從這些變化可以推斷出系統可能的發展？

我們德國人好在沒有人
瘋狂到找不到另一個
比他瘋狂的人來了解他。

——海涅（Heinrich Heine），德國詩人（1797–1856）

不進則退。

——羅森塔爾（Philip Rosenthal），企業家（1916-2001）

　　在討論不變性的章節裡，我們思考了恆定不變的事情——在系統發展的演變過程中保持不變的系統性質。光速被稱為是宇宙中最重要的不變量。除了光速之外，守恆量的概念對整個物理學而言都十分有用，可帶出豐富的結果。如果我們知道系統中的不變量，那麼只要發現不變量改變，便可以很容易地確定系統本身發生了不被允許的改變。

　　整個物理學裡面，除了光速恆定原理之外，能量守恆定律也屬於最重要的守恆定律之一。這個定律是說，在封閉系統裡的總能量保持不變。雖然在系統運作的過程當中，能量可以轉換成不同的形式，例如將動能藉由摩擦力轉變成熱能，但平衡狀態保持不變。封閉系統裡，能量既不會減少，也不會增多。反過來說，會改變一個封閉系統總能量的這種假想過程，在物理學上是不可能發生的。靜止在地板上的球不會突然飛到桌上；若將靜止的球看成一個系統，則必須提供它能量，才能飛到桌上。

　　因此，能量守恆定律可以當成排除原則，因為它很明白地說，凡是總能量不守恆的過程，都不可能存在於自然界中。但另一方面，並不是所有滿足能量守恆定律的過程都真的會發生。想像一下你坐在桌邊，面前有杯咖啡。如果一不小心，

咖啡杯也許會掉到地板上，打碎，咖啡流到你的波斯地毯上。不是件好事，但是在可能範圍以及我們的世界裡，這種事情一定發生過不只一次。然而你有觀察過以下過程嗎？波斯地毯上的咖啡馬上冷掉。這讓能量被釋放，有了這些能量，咖啡可以流向杯子，而杯子同樣也是因為碎片冷卻釋放的能量，重新組合成原樣，最後杯子接住咖啡，再跳回到桌上。除了冷卻過程外，完全是與剛剛相反的過程，如果把影片倒帶就會看到的畫面。但你一定沒見過這種現象，而且會說這是不可能的事。但這是為什麼呢？能量守恆定律並沒有禁止這種事發生啊。事實上，幾乎所有的自然律都具有時間對稱性，時間倒流時不需要重新改寫。如果只需遵守這項自然律，那麼在時間反轉時就會發生相對應的過程。但在我們的生活經驗中，時間只會往前不會後退，我們可以在空間裡前進與後退，但在時間上卻不行——未來總有一天會變成過去，但卻不會反過來——這樣的生活經驗，並未反映在大部分的自然律中。

宇宙裡充滿神奇的事物，耐心等待著我們的感官變得敏銳，可以察覺到它們的存在。
——菲爾普茲（Eden Phillpotts），英國作家（1862–1960）

信條。「要學數學，孩子。它是進入宇宙的鑰匙。」
——在電影《魔翼殺手》裡飾演大天使加百列的克里斯多夫 · 華肯（Christopher Walken），對一群站在學校階梯上的學生說道

因此，除了能量守恆定律，必定還有一個決定事物運作流向的系統量。事實上正是如此！這個物理量就是熵（Entropie，英文是 entropy）。熵有個精確而嚴格的專門定義，但對於我們此處的目的，只需要將它想像成一個度量系統亂度的數。熵值越低，系統越有秩序，亂度越小，而熵值越高，亂度越大，越無秩序。這個很快就令人印象深刻的概念，是 19 世紀時由克勞修斯（Rudolf Clausius）提出來的，他根據希臘文動詞 entrepein（逆轉）造了 Entropie 這個字。熵告訴我們，

哪些過程可能是可逆的，哪些是不可逆的。就哲學上而言，熵量比許多其他的系統性質還有趣，因為和其他物理量與定律不同的是，它對時間的方向指出了一個條件。

叔本華（Schopenhauer）的熵命題

把一匙酒放進一桶汙水裡，得到的是汙水。把一匙汙水放進一桶酒中，得到的還是汙水。

克勞修斯在他的基礎著作的結尾寫道：「宇宙中的能量是恆定的。」以及：「宇宙中的熵會趨於最大值。」

第一句是在描述能量守恆定律。克勞修斯利用第二句，陳述熵必增加的定律。封閉系統裡的總熵值不會減少。這個基本定律是唯一一個決定物理過程優先方向，因而也是負責時間方向的自然律。伴隨著熵值增加的過程，會自發進行，若沒有從別處提供能量的話，是不可逆的。以下事實也正確：在可逆過程中，熵必定保持不變。但另一方面，只有在提供外部能量的情況下，熵減少的過程才有可能發生。若沒有外部能量，這些過程便不會發生。

正因為有熵定律，才有未來和過去的根本差別。大致來說，未來是熵值較大的地方。以熵當作描述系統狀態的量，有個重要的結果就是，它會有許多具有特殊本質的超距作用。一個排好的拼圖，會讓拼圖碎片喪失了成堆及失序的本質。拼圖是一個熵減少的過程，需要拼圖者主動參與。完成的拼圖只有在拼圖者給予能量時，才會是一堆拼圖碎片未來的一部分。根據物理學家索末菲（Arnold Sommerfeld）的名言，熵在某種程度上擔任大自然的導演，決定旅程的方向，能量只是擔任會計的角色。

我們把熵稱為一種單方向變化的量。在一大段鋪陳後，我們終於到了這個章節的主題。單向變化量的意思，就是指那些只朝一個方向改變的系統性質。舉例來說，年齡就是一個（不會減少的）單向變化量。另外像是運動競賽紀錄，如賽跑、擲遠和跳高比賽的世界紀錄，也都屬之。另一個（遞減的）單向變化量，是

室溫下熱咖啡的溫度，或是擺盪中的鐘擺在受到摩擦力作用後的擺幅大小。

單向變化量在形式思考而言上也是十分有用的工具。單向變化量與不變量之間存在著一定的關係。有一些問題情況裡並沒有可利用的不變量，但至少有一些執行特定運算時只會遞增或遞減的量，也就是單向變化量。就連日常生活裡和科學上，也會出現許多單向變化量。要如何使用單向變化量來當作解題的輔助工具呢？

在以下兩個典型的情況中，單向變化量就很有用：想像一個系統（不管是一個方程式、一群人，或是一個幾何物件），系統中能發生某些操作（例如除以某個數、一群人裡兩兩握手，或是對於特定直線做鏡射）。我們有興趣知道，系統的某些量會發生什麼行為。例如：系統的量會變成哪些值？系統可能變成什麼狀態？系統絕對不可能接受什麼狀態？這些非常一般化的問題，都能透過單向變化量的巧妙運用來解決。

有時我們想證明，在系統變化過程的某個時間點，事件 E 必定會發生。在此條件下，透過以下的考慮便能達成目標。我們可以試著找到一個單向變化量，它在系統狀態改變時也會改變，但僅具備有限狀態，所以只能做出有限的改變。如果有可能證明，單向變化量在事件 E 發生後就停止改變，便證明了事件 E 絕對會發生。

另一方面，如果我們想證明在系統變化過程中絕對不可能發生事件 E，就只需找出只會往一個方向改變的單向變化量，而事件 E 的發生會讓這個單向變化量不可避免地往另一方向改變。相較於第一個標準運用，即證明某個事件會發生，檢驗系統不可能出現的狀態，或是系統變化過程裡不可能發生的事件，只需要利用單向變化量的薄弱性質。證明無法出現或不可能發生時，單向變化量不必只具備有限狀態，它在系統變化期間也可以保持不變。

我們現在用幾個明確的應用來闡述單向變化原則。

不必與敵人同歡。　有 2n 位大使受邀參加一個慶祝會。每位大使在這群人中最

多有 n – 1 個敵人。請你證明，在圓桌上會有一種座位安排，可讓每位大使都不會坐在自己的敵人旁邊。敵對可以視為大使彼此間的對稱關係：你是我的敵人，我也是你的敵人。

解：我們就從隨便一種座位安排開始。f 表示敵對者坐在一起的對數。現在要找的是一個可以應用在所有座位安排上，並持續縮小 f 的方法。為此我們假設敵對大使 A 和 B 坐在一起，B 坐在 A 右邊。

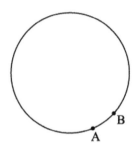

圖68：敵對大使A和B

　　A、B 兩位大使必須分開來坐，且要盡量不讓桌子的其他位子新出現敵對者坐一起的情況。我們可以透過以下方式，不製造干擾地將 A、B 分開。假設 C 是 A 的朋友，坐在 C 右邊（逆時針方向）鄰座的 D 是 B 的朋友，如圖 69：

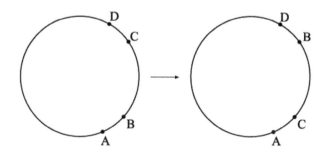

圖69：排除敵對大使A與B坐在一起的狀況

　　接著，我們就把以 B 大使為起點、C 大使為終點的弧線做翻轉，讓兩人的座

位互換。敵對者坐在一起的對數 f 因為交換座位而減少，因為 A、C 和 B、D 均為友好的朋友。

但總是有 C、D 這樣的一對大使嗎？

一定有！但是為什麼呢？要看出這點，我們從 A 開始，以逆時針方向檢查座位安排。我們會遇上至少 n 個 A 的朋友。這 n 個座位的右邊不可能都坐著 B 的敵人，因為 B 和其他人一樣最多只有 n－1 個敵人。如此一來可以找到 A 的朋友 C，而 C 的鄰座 D 是 B 的朋友。這樣就可達到所求。

因此，我們可以透過上面描述的方法，將坐在一起的敵對大使分開，將 f 數變小，從剛開始的座位分配產生的值縮小到 0。

舞蹈老師的理論。　　一間舞蹈學校有 4n 個學員，分別有 2n 個女生和 2n 個男生。教學時間一開始，先以任意順序排隊。在短暫檢視後，舞蹈老師從合適的學員開始，連續挑出 2n 個人，由此可組成 n 對的舞伴（即 2n 個人之中剛好有 n 個男生和 n 個女生）。舞蹈老師表示他每次都可以完成配對。是這樣嗎？專家證人怎麼說？

解：學員從左到右以 1 到 4n 標號。令 m_k 表示標號從 k 到 2n－1＋k 的學員當中，男生的人數。如果 $m_1 = n$，那麼舞蹈老師的說法便沒有錯。如果不是，可以假設 $m_1 > n$，不然的話可以用 m 來當作女生人數計算。此外，$m_{2n+1} = 2n － m_1 < n$。現在來看 $m_k = i$ 這個情況。那麼 m_{k+1} 的值就必須等於 i 或是等於 i±1。如果 m 值改變的話，也只會加減 1。不過，因為 m_k 在 k＝1 到 k＝2n＋1 的範圍內，從比 n 大的值變成比 n 小的值，所以必定至少有一個位置 s，恰好為 $m_s = n$。於是，從 s 到 2n－1＋s 這個範圍內，剛好有 n 位女生和 n 位男生。舞蹈老師說的沒錯。

K 先生的派對。　　K 先生在他寬敞的房子裡辦慶祝派對。剛開始，他的客人隨意分布在屋子的所有房間裡。客人做客人可以做的事情，他們會走動，有時候「往這邊去」，有時候「往那邊去」，有時候「往別的地方去」。只要不是所有的客人都在同一個房間裡，就會有人偶爾跑到別的房間，但這個房間裡的人數至少要

和他離開的房間一樣多，他才會留在裡面。請你證明，最後所有的客人都會待在同一個房間裡。

直覺上看來，這十分明顯，因為客人真的是從人少的房間漸漸移動到人多的房間。但我們必須把這個感覺上是對的知識轉化成證明。

主要的想法也是要巧妙地應用一個單向變化量。我們將 Q 定義為所有房間裡的人數的平方和。Q 這個量是個單向變化量，每個人的移動，例如從一間人數是 i 的房間走到人數 $j \geq i$ 的房間，都會讓 Q 的值變大。你可以這麼看：牽涉到的兩個房間的人數平方，從 i^2 和 j^2 改變成 $(i-1)^2$ 和 $(j+1)^2$。於是，平方和 Q 就變為

$$[(i-1)^2 + (j+1)^2] - [i^2 + j^2] = i^2 - 2i + 1 + j^2 + 2j + 1 - i^2 - j^2 = 2(j-i) + 2$$

因為 (j – i) 不可能為負，因此以上的數值必為正。只要不是所有人都停留在同一個房間，便可能發生轉移，而所有的轉移又會使 Q 增加。只有讓 Q 真的變大的轉移才有可能發生。這個過程會持續到所有人都在同一個房間為止，此時 Q 達到最大值，這個狀態便不會再改變。

13. 無窮遞減法則

我可不可以先替某件事給個例子，然後假設從這個例子一定可以推到越來越小的例子，但實際上不可能永無止境地越推越小，因而證明這件事不可能發生？

世界變得越來越小。

——俗語

　　無窮遞減法是應用十分廣泛的數學方法。其中一項普遍的應用，是用來證明擁有特定性質、滿足某些關係或特殊情況的自然數不可能存在。因此，我們可以在「數論」這門數學領域中，找到無數的經典例子。證明過程是先假設有一個符合該性質的自然數存在，然後從這個假設，推導出有另一個符合同樣性質的更小的自然數存在。成功的話，可以再使用一次相同的論證，推導出還有更小的自然數存在。以此類推，只是出現的自然數會越來越小。有點類似單向變化量原則。

　　證明有越來越小、具有特定性質的自然數存在的論證，原則上可以無止境地繼續做下去。但無止境地應用下去，卻會造成矛盾，因為遞減的自然數數列不可能無止境地變小。到 0 之後，就無法再變得更小了。於是，最初假設具有某性質的自然數存在，當然就是錯的。在其他證明步驟都符合邏輯的情況下，因為當初假設這種自然數存在，所以才會得到矛盾（反證法！）。也就是說，具有該性質的自然數不可能存在。這就是這項技巧的方法核心。

　　費馬（Pierre de Fermat）於 17 世紀時發明了這項技巧，並且運用自如。在他去世前寫的一封檢閱自己數學工作的長信裡，提到了這個他稱作無窮遞減法，並運用在自己所有重要數學結果的法則。甚至也有線索顯示，費馬認為自己用了這個方法，證明出一個數論命題，也就是今日所稱的「費馬大定理」。這個命題非常有名，它是說：在自然數 n 大於 2 的情況下，

$$x^n + y^n = z^n$$

這個方程式中的 x、y、z 沒有為整數解。

我們這裡談論的並不像其他的定理。我們先讓自己置身於 1980 年代中期。這個問題懸而未決,三個半世紀以來的解題嘗試均告失敗,累積了為數可觀的解題方法。有一件事很清楚:解題所需的智慧不能只靠強求,甚至還需要一兩個奇蹟。

在 n = 2 的情況下,方程式有無限多組解。這是老早就知道的事,並非什麼驚天動地的消息。在數學的特殊語言裡,這種自然數三數組 (x, y, z) 稱為畢氏三元數。這三個數滿足畢氏定理,即

$$x^2 + y^2 = z^2$$

我們先花點時間談一談這些三元數,為稍後理解費馬的定理做好準備。

(3, 4, 5) 是一組簡單的畢氏三元數,而 (4961, 6480, 8161) 是較為複雜的畢氏三元數。如果找到一組畢氏三元數 (x, y, z),那麼 (kx, ky, kz) 也會是一組畢氏三元數,這是因為 $(kx)^2 + (ky)^2 = k^2(x^2 + y^2) = k^2z^2 = (kz)^2$。所以,畢氏三元數會有無限多組,當然也可以將這樣的一組三元數同除以公因數。這麼做很好。如果 x、y、z 互質,也就是三者沒有最大公因數,這組數便稱為本原畢氏三元數。到這裡為止並不困難。

但是我們進一步要問:如何造出本原畢氏三元數?從等式 $x^2 + y^2 = z^2$,再加上本原三元數的條件,可以推斷出,x 和 y、y 和 z、x 和 z 的所有公因數,事實上也是 x、y、z 的公因數。所以可以假定,三個數裡面一定兩兩互質,特別是在本原三元數裡不可能有兩個偶數。現在假設 x 和 y 都是奇數,例如令 x = 2n + 1 而 y = 2m + 1,n 和 m 為自然數,那麼

$$x^2 + y^2 = (2n + 1)^2 + (2m + 1)^2 = 4n^2 + 4n + 1 + 4m^2 + 4m + 1 =$$
$$4(n^2 + m^2 + n + m) + 2 = z^2$$

因此,z^2 除以 4 餘 2。但這根本不可能,因為如果 z 是偶數,z^2 必定能夠被 4 整除,

而如果 z 是奇數（= 2k + 1），那麼 $z^2 = (2k+1)^2 = 4k^2 + 4k + 1$ 除以 4 的話，餘數是 1。因此我們可以說（反證法！），x、y 當中只能有一個是奇數。因為 z 和 x 或 z 和 y 互質，所以 z 必定也是奇數。這個情況對於 x 和 y 而言是對稱的。如果我們假設 x 為偶數，那麼 y 便為奇數，且 z + y 和 z − y 為偶數。另外

$$x^2 = z^2 - y^2 = (z + y)(z - y) = 4[(z + y)/2] \cdot [(z - y)/2] = 4ab$$

其中的 a = (z + y)/2，而 b = (z − y)/2。像上面一樣，我們可以推斷出 a 和 b 互質。因為 a 和 b 的每個公因數也會是 z = a + b 和 y = a − b 的公因數，但 z 和 y 互質，所以根本不可能存在這種情況。因此，$x^2/4$ 的每個質因數不可能同時為 a 和 b 的質因數。

因此，a、b 也必為平方數。我們可以寫成 $a = v^2$ 和 $b = w^2$，其中 v、w 為適當的自然數。當然，v、w 也互質。

很快就可以證明，上面是成熟又有效的思考過程。我們先記下這件事：所有的本原畢氏三元數 (x, y, z) 必定可寫成

$$x = 2vw$$
$$y = v^2 - w^2$$
$$z = v^2 + w^2$$

兩自然數 v、w 互質，而且 v > w。再來，可以確定 v、w 的其中之一必為偶數，這樣 y、z 才會是奇數。此外，若將本原畢氏三元數乘上任意自然數 k，就可獲得任意一組畢氏三元數。我們已經得知不少東西，但這只是關於畢氏三元數的一小部分思考。

古希臘數學家丟番圖（Diophantus），早就知道這個造出所有本原畢氏三元數的方法。但關於他的生平事蹟，我們卻知道得很少，就連他的生卒年都不詳。

我們主要是靠間接的訊息，推測出他大約是在西元 250 年生活於亞歷山卓。他的著作《算術》（*Arithmetica*）總共有十三卷，直到 16 世紀才重見天日。這項發現造成學術界轟動。《算術》這部著作是古希臘數學的巨著之一，以希臘文寫成，隨即被翻譯成拉丁文。丟番圖已經知道的一些事情，16 世紀的歐洲數學家還不知道。

費馬猜想：一篇完結的偉大命運小說。 這位嗜好數學的法官，也是孜孜不倦的《算術》讀者。他的名字叫作皮耶 · 德 · 費馬（1601-1665）。雖然只是個業餘數學家，但在今天我們公認他是 17 世紀最偉大的數學家之一。他與許多當時著名的科學家通信來往。信中常常寫著不完全的證明，比較像是草稿、暗示或是故意不說清楚，不透露給對方知道他的證明，或是故意以此當作挑戰。隨著時間過去，在費馬去世很久之後，他聲稱自己做出來的證明，幾乎大都得到了驗證，只有極少數是不正確的。最後，在超過三百年後，只剩下唯一一個聲明還沒解開。費馬的這段聲稱，寫在他擁有的《算術》書上，就在丟番圖探討畢氏三元數的段落旁邊。1640 年時，費馬將以下的評論寫在《算術》第六卷，他擁有的版本是1621 年出版、由梅齊里亞克（Claude Gaspard Bachet de Meziriac）所譯的拉丁文版：

Cubum autem in duos cubos, aut quadratoquadratum in duos quadratoquadratos et generaliter nullam in infinitum ultra quadratum potestatem in duos eiusdem nominis fas est dividere. Cuius rei demonstrationem mirabilem sane detexi. Hanc marginis exiguitas non caperet.

翻譯為：

將一個立方數寫成兩個立方數的和、一個四次方數寫成兩個四次方數的和，或是將高於二次的一般次方數寫成兩個同次的次方數之和，都是不可能的。我找到了絕妙證明，但頁緣空白處太窄，寫不下。

這段聲稱如今就稱為「費馬大定理」或「費馬最後定理」[10]。費馬過世後，寫著他的筆記的那本《算術》出現在數學圈時，許多數學家紛紛試著證明費馬的說法。也耗費了許多時間。

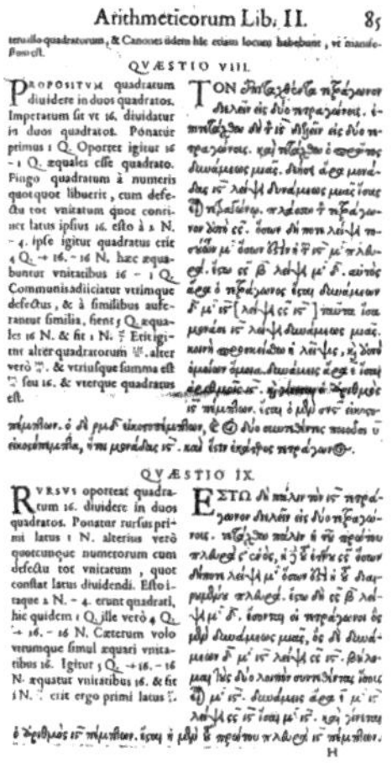
Arithmeticorum Lib. II. 85

QVÆSTIO VIII.

PROPOSITVM quadratum diuidere in duos quadratos. Imperatum sit vt 16. diuidatur in duos quadratos. Ponatur primus 1 Q. Oportet igitur 16 - 1 Q. æquales esse quadrato. Fingo quadratum à numeris quotquot libuerit, cum defectu tot vnitatum quot continet latus ipsius 16. esto à 2 N. - 4. ipse igitur quadratus erit 4 Q. + 16. - 16 N. hæc æquabuntur vnitatibus 16 - 1 Q. Communis adiiciatur vtrimque defectus, & à similibus auferantur similia, fient 5 Q. æquales 16 N. & fit 1 N. Erit igitur alter quadratorum . alter verò . & vtriusque summa est seu 16. & vterque quadratus est.

QVÆSTIO IX.

RVRSVS oporteat quadratum 16. diuidere in duos quadratos. Ponatur rursus primi latus 1 N. alterius verò quotcunque numerorum cum defectu tot vnitatum, quot constat latus diuidendi. Esto itaque 2 N. - 4. erunt quadrati, hic quidem 1 Q. ille verò 4 Q. + 16. - 16 N. Cæterum volo vtrumque simul æquari vnitatibus 16. Igitur 5 Q. + 16. - 16 N. æquatur vnitatibus 16. & fit 1 N. erit ergo primi latus .

圖70：丟番圖的《算術》，1621年版，問題II.8。右邊有名的空白處不夠寬，費馬無法寫下他的證明

直到上個千禧年末，才成功證明出費馬的猜想對於大約到四百萬的所有次方數 n 都成立。也就是說，可能的解最高可以到 $n > 4 \cdot 10^6$，此外證明了參與的數字大於 n^n，一個大到沒辦法拿筆記錄下來的數字。

但是數學家想要更多，想要最終的解答。在追求真理的這種高標準之下，費馬的猜想仍然沒有定論。一些傑出數學家企圖證明，但失敗了。許多人認為，在下一個千禧年裡都不可能成功證實或是反駁費馬的說法。許多人的嘗試都徒勞無功。歐拉因為努力均未獲得成果，而沮喪到拜託一位朋友搜索費馬故居，希望能找到寫著證明的紙張。其他人則希望不該只相信費馬說的，還應該聽聽與費馬同時代的西班牙作家格拉西安（Baltasar Gracian, 1601–1658），在 1653 年所寫的作品《智慧書》中帶著一抹微笑的建言：「別管別人的問題。」

10 「費馬大定理」是德文文獻裡的說法（原文為 Großer Fermat'scher Satz），「費馬最後定理」則是英文文獻裡的說法（Fermat's Last Theorem）。

人生中處處是體驗「失敗為成功之母」的機會。放棄這個問題的數學家越多，它就成為雄心勃勃思想家心目中價值越來越高的獎盃。對手越強，勝利的果實就越甜美，莎士比亞也這麼認為。19 世紀末，有位很熱中於數學的德國工業家沃夫柯爾（Paul Wolfskehl），提供了一筆不小的獎金給找到證明的人。這個故事和沃夫柯爾對一位美麗女子的迷戀有關。被她拒絕時，沃夫柯爾絕望到起了自殺的念頭，甚至連自殺的時間都已經定好。但在這之前幾天，沃夫柯爾在琢磨費馬的猜想。突然間他覺得自己找到解題的新方向，開始埋首。雖然這個嘗試最後終告失敗，但當沃夫柯爾意識到這一點時，原本計畫要自殺的時間早已過去，他也覺得沒必要再定一個新的時間。設立獎項的目的，就是在紀念這個問題救了他一命。

費馬問題就這樣經歷了時間的洪流。後來，到了上個世紀末，又突然出現了充滿希望的新發展，帶頭者是目前擔任杜伊斯堡－埃森（Duisburg-Essen）大學數論教席的德國數學家弗雷。

上帝不可能擁有大學教席的原因

－ 只發表過一本著作。

－ 有些人懷疑不是他自己寫的。

－ 世界有可能是他創造的，但在那段時間他都做了些什麼事？

－ 科學很難重現他所做出的實驗結果。

－ 他幾乎沒現身在課堂上，只叫學生讀他的著作。

－ 他把自己的頭兩位學生開除學籍了，理由是他們會學習。

－ 他沒有固定的面談時間，有的話大部分也都在山上舉行。

弗雷發現了費馬猜想與某種曲線之間的關聯，如今我們習慣把這種曲線稱為橢圓曲線（elliptic curve）。但這種曲線並不是橢圓，而是從更為複雜的方程式得出的曲線。大略來說，弗雷的方法在於：只要假設費馬的方程式有解，我們就可以從這個解造出一條特殊的橢圓曲線，也就是今天所稱的弗雷曲線。但這和當時的人對於橢圓曲線所知或所認為的事情相反。特別是，它和關於橢圓曲線的谷

山－志村猜想相牴觸。也就是說，如果谷山－志村猜想為真，這個猜想就不可能給出弗雷曲線——那麼也不會有透過它建構出來的費馬方程式的解。

1986 年時，弗雷在巴黎所舉辦的國際數論會議上，提報他的想法。他的簡報引起轟動。突然間有一位聽眾站起來，談到透過橢圓曲線可能是證明費馬猜想的正確方法。這位聽眾的名字是安德魯・懷爾斯（Andrew Wiles）。懷爾斯當時被認為是橢圓曲線領域的專家，博士論文也是研究這個題目。弗雷的報告讓他很興奮，不久後就開始朝著弗雷想反證的谷山－志村猜想，並利用最新發展出來的技巧，來解費馬問題。他在這個問題上花了七年的時間，卻沒告訴任何人他在忙什麼。數學界裡也有孤獨的主角，像擁有偉大成就的頂尖運動員，用無人能及的毅力，致力研究特別艱澀的問題。來自英國的快滋生反應器懷爾斯：肩負任務的人。

他雖然沒能證明一般情形下的谷山－志村猜想，卻證明了一個很重要的特殊情況，這個特例可推得和弗雷曲線相同的結果：這樣的曲線不可能存在，這表示費馬的方程式無解。

後來懷爾斯在 BBC 的專訪中說道：「前面七年我專注於谷山－志村猜想，最後證明了費馬的猜想，我珍愛這個過程的每一分鐘。不管有些時刻多麼艱辛，無論是出現打擊，或是一開始看起來無法克服的障礙——這是一場關乎於我，非常私人的戰役。」

你這個迷人的東西！

數學史上充滿英雄，展現出熱情和堅定決心的純正精神，這股精神讓數學成為世界上最迷人的一門學問。

——**賽門・辛**（Simon Singh），《英國電訊報》，2006 年 8 月 17 日

懷爾斯投注了七年的時光，全心全力地研究這個千禧年接近尾聲時最大的未破解難題。找出證明彷彿成了邊緣型人格的體驗。懷爾斯還曾將他的工作方式比作一步一步探索房子：「你踏進這棟房子的第一間房間，一片漆黑。在黑暗中摸索，撞到家具，過了一會兒就知道什麼東西在哪裡。最後，過了六個月左右，你

終於找到電燈開關。你把燈打開，看到照亮的房間。看得很清楚到底身在何處，四周是什麼樣子。然後你再到另一個房間，再度經歷六個月的黑暗。」

他用這種方式工作到 1993 年的夏天。同年 6 月 23 日，懷爾斯在劍橋大學牛頓數學研究所的演說中，出乎意料地宣布費馬問題的解。演講的內容一開始極度保密，但在幕後卻開始有傳言出現，就連媒體也得到消息，不過幸好當時沒有記者到場。許多觀眾拍照，研究所所長想得很周到，帶了一瓶香檳。演講時，現場彌漫著一股敬畏的沉默。結束前，寫完整個證明的最後一個步驟之後，懷爾斯把費馬猜想的陳述寫在黑板上。他證明出來了。緊接著又寫下：「I think, I stop here.（我想我就寫到這吧。）」一片沉默後，便掌聲如雷。

這個消息透過電子郵件與網際網路，以迅雷不及掩耳的速度傳播開來。電視台派出轉播車到牛頓研究所。《紐約時報》隔天以頭版報導：「At Last Shout of 'Eureka' in Age-Old Math Mystery.」（古老數學謎團終於可喊「我找到了！」）而法國《世界報》也在同樣顯著的版面寫下：「Le theorème de Fermat enfin résolu.」（費馬定理終獲解決）一夜之間，懷爾斯成為全世界最有名的科學家。《時人》雜誌將他與黛安娜王妃並列為年度 25 位最具魅力人物。甚至有一位國際知名的設計師請他代言產品。但是，等著他的還有數學界同儕的仔細檢視。

沒有奧德賽的話，尤利西斯一定會快樂些，但沒有奧德賽的話，他的傳記就不會那麼有趣，就像是沒有石頭的薛西弗斯。但是遭遇到的困難淬鍊我們，克服越大的困難，我們就越能掌握。1993 年年底，懷爾斯的生涯裡就出現了這種情況，而上面這句話也適用於他的身上。懷爾斯的證明裡出現了一個漏洞。

在數學圈的仔細審查之下，真的在懷爾斯的論證裡發現了一個錯誤，這個漏洞如果不修補，他的證明就不算成功。真的不是個小劇碼。這個錯誤出現在懷爾斯使用的考利瓦根－弗拉赫（Kolyvagin-Flach）方法的重要部分裡。這個錯誤十分細微，隱藏得非常好，而且沒辦法反駁。尤其是它十分抽象，實在沒有辦法使用簡單的句子來描述。即使想把它描述給一個數學家聽，那他也必須先花上好幾個月的時間，把懷爾斯的證明詳細研究一番。

如果證明裡出現漏洞，而且不填補的話，就不能算是證明。1994 年在蘇黎世舉辦的國際數學家大會上，懷爾斯不得不承認他的證明裡出現漏洞。投資七年

光陰的研究，得出的證明竟然無效。一項沉重的打擊，好比陷入了智慧的泥淖。這個問題還是維持在過去的階段：未破解。一個在四周築起圍牆，不讓人靠近的問題。直到 1994 年初都尚未出現成功的經驗。在這個不想結束的歷史中必須開始一篇新章節。

　　證明裡出現錯誤的消息也散布得十分迅速。懷爾斯受到的壓力越來越大，因為大家要求他將其錯誤開誠布公，好讓其他數學家有機會解決。他拒絕這項要求。他想要自己完成。懷爾斯繼續他的一人有限公司，試著填補漏洞。他徒勞無功地花了六個月的時間，改進考利瓦根－弗拉赫方法。卻一點進展也沒有。他需要新鮮的點子，所以邀請了過去的學生理查・泰勒（Richard Taylor）一起研究。泰勒發誓保密。泰勒那時已是普林斯頓大學教授，著名的考利瓦根－弗拉赫方法專家。

　　兩人一起開始挽救如同站在懸崖邊的證明。泰勒和懷爾斯很快就明白，他們需要比急救方法還完善，但又不像是從頭開始的設計。但是解答十分害羞，怎麼樣都不願意見人一面。雖然十分緩慢，但懷爾斯和泰勒也看得越透徹。他們的研究工作受到媒體強烈關注。1994 年夏天，懷爾斯和泰勒與證明中的漏洞的抗戰，沒有任何擲地有聲的進展。懷爾斯在歷時八年之後想要放棄，告訴泰勒他的決定。也許費馬的猜想不是花一輩子的時間就能解決。泰勒已經計畫不久之後要回普林斯頓，但他向懷爾斯提議再繼續試一個月。再一個月就好。懷爾斯猶豫地答應了。結果又再一個月。他們繼續努力，尋找消失的證明。噹啷！突然，就在 1994 年 9 月，他們到達了高峰，找到解答。

　　懷爾斯後來如此描寫這個關鍵時刻：「9 月 19 日星期一，我坐在辦公桌前研究著考利瓦根－弗拉赫方法。事情並不像我想像的一樣順利，我覺得這個方法沒辦法完成我的目標，但我想我至少得找出來為什麼沒有辦法。我以為我的努力就像緊抓一根浮木，但我想說服自己。突然間，完全在意料之外，我得到了一個令人難以置信的啟示。我發現雖然考利瓦根－弗拉赫方法不完全行得通，但它正好提供了足夠的東西讓我能夠挽救我最初的理論。（……）這個方法漂亮得無法形容，是那麼的簡單又巧妙。我無法相信為什麼之前會沒有想到這個方法，難以置信地看著它二十分鐘。這一天我在系裡走來走去，但頻頻回到辦公桌，檢查我

的方法是不是仍然行得通。它真的行得通。我克制不了心中的激動。這是我生涯中最重要的一刻。沒有任何我做過的事情有這麼大的意義。」

我們完成證明了！漏洞填補起來了。這是懷爾斯生命中的轉折點。沉浸在證明狂喜裡的數學家。一種不同於一般方式讓人開心的顛峰體驗。

現在的這個證明禁得起任何考驗，而在 1997 年 6 月 27 日，德國哥廷根科學院把沃夫柯爾獎金頒發給懷爾斯，這筆獎金的原始金額是十萬金馬克，今天看來還是相當大筆（換算成今天的幣值大約為 100 萬歐元），但因為通貨膨脹的關係，最後剩下八萬馬克。而他也名列得獎最多的數學家之一。

就這樣，費馬猜想證實是正確的。一件新的事實產生了：費馬大定理，或是更確切一點：費馬－懷爾斯定理。值得進入瓦爾哈拉神殿[11] 或是其他名人堂。只要數學還有人研究，大家就不會忘記安德魯 · 懷爾斯這個名字。

寫給自己：費馬與我

1993 年 6 月 23 日，作者在斯圖加特大學舉辦了一場以大眾為對象的科學演說，題目為：數學是什麼？數學的目的是什麼？演說時我說了兩句話：「整個數學領域目前最大的未破解問題是費馬猜想。要是有人能證明出來的話就好了。」才幾個小時後，網路上就開始流傳懷爾斯證明出費馬猜想的消息。

為什麼不再試一次？也就是：「如果整個數學領域目前最大的未破解問題是黎曼猜想。要是有人能證明出來的話就好了。」天靈靈地靈靈。計時開始！

追求極限的定理。 我們看到了，費馬大定理是多麼不可思議、激盪腦力，而且有時候會找到一組數字，差那麼一點就可以成為方程式的解了。我們現在跳進木偶師的角色裡，讓幾個木偶跳舞。例如：

---

11 瓦爾哈拉神殿（Walhalla）是一座紀念「值得讚揚和尊敬的德國人」，包括「歷史上說德語的著名人物 —— 政治家、君主、科學家和藝術家」的名人堂。

$$280^{10} + 305^{10} = 0.999999997 \cdot 316^{10}$$

或是下面這個更接近的：

$$386692^{7} + 411413^{7} = 0.9999999999999999989 \cdot 441849^{7}$$

就差那麼一點的例子還有

$$9^{3} + 10^{3} = 12^{3} + 1$$

從這裡你可以看見方程式 $x^3 + y^3 = z^3 + 1$ 有解，甚至不難。

美國電視卡通影集《辛普森家庭》中有一集，說到在「荷馬 3D」世界裡，當其中一維空間塌縮時，出現了一個等式 $1782^{12} + 1841^{12} = 1922^{12}$。笑點在於，用所有的電子計算機來算，把左式算出來後再開 12 次方的結果均為 1922，但這是因為四捨五入的關係。實際上，左式和右式分別等於

　　　2,541,210,258,614,589,176,288,669,958,142,428,526,657
以及
　　　2,541,210,259,314,801,410,819,278,649,643,651,567,616
　　左式除了比右式小了幾十億分之一，兩個數字的大小「僅僅」相差了 700×10^{27}。這對電子計算機而言，實在是太少了。

　　費馬猜想是否證明出來了，今日在數學家之間仍爭議不休。大家知道的是：費馬對於 n = 4 的情況，找到了一個完美的證明。如同錯綜的編舞，前後左右，動靜自如，費盡心思想出的動作。我們接下來就要踏上費馬的途徑，把全部的專注力奉獻在費馬大定理的這個特例中。藉著這個特例，我們也踏進了數學中需要使用高度推理的領域。

我們先假設有三個自然數 x、y 和 z，它們之間存在以下關係

$$x^4 + y^4 = z^4 \tag{28}$$

且它們的最大公因數等於 1，也就是 x、y、z 互質。事實上，我們甚至可以假設，三個數之中的任意兩數都沒有大於 1 的公因數，因為如果真的有這樣的因數，那麼這個因數必定也是第三個數的因數。於是我們便有了本原畢氏三元數 x^2、y^2、z^2，因為 $(x^2)^2 + (y^2)^2 = (z^2)^2$。

根據前面對畢氏三元數的討論，我們可以寫出：

$$x^2 = 2vw, \quad y^2 = v^2 - w^2, \quad z^2 = v^2 + w^2$$

其中的 v 與 w 互質，兩數一奇一偶，而且 0 < w < v。我們面臨一個可以用同樣方法處理的情況：$w^2 + y^2 = v^2$。因為 v 與 w 互質，故 y、v、w 也為一組本原畢氏三元數。因為 v 為奇數，故 w 為偶數。就像之前的做法，我們可以再將這三個數寫成

$$w = 2ab, \quad y = a^2 - b^2, \quad v = a^2 + b^2$$

其中 a 與 b 互質，兩數一奇一偶，而且 0 < b < a。

於是

$$x^2 = 2vw = 4ab(a^2 + b^2)$$

由此可知，$ab(a^2 + b^2)$ 為完全平方數，也就是 $(x/2)^2$。能整除 ab 的每一個因數，必定能整除 a 或 b，但不可能同時整除 a 和 b，因為這兩個數互質。所以 ab 的因數無法整除 $a^2 + b^2$。

因此，ab 和 $a^2 + b^2$ 互質，所以兩個數本身就是完全平方數。又因為 a 與 b

互質，所以 a 與 b 本身也是平方數，這樣它們的乘積 ab 才會是完全平方數。因此我們可以假設 $a = X^2$ 和 $b = Y^2$，那麼 $X^4 + Y^4 = a^2 + b^2$ 也是個平方數。

現在來到理論變成魔法的時刻。稍後的分析會告訴我們，這裡遇到的是很重要的概念。我們先暫停一下，想一想從最初的假設 $x^4 + y^4 = z^4$，我們只運用到 z^4 為平方數的條件，但還沒有運用到 z^4 是四次方數。這是個微妙的差異。現在，我們可以開始運用無窮遞減法這個證明方法了：如果 x 和 y 為自然數，且 $x^4 + y^4$ 為平方數，那麼便可以按照以上的想法，造出一對新的自然數 X 和 Y，使 $X^4 + Y^4$ 也是平方數。一個幸運的循環開始。結局很幸運，因為

$$X^4 + Y^4 = a^2 + b^2 = v < v^2 + w^2 = z^2 < z^4 = x^4 + y^4$$

應該可以替這個不等式加上兩到三個驚嘆號。不然還要用什麼符號來和它擺在一起？由這個不等式，我們可以從 $x^4 + y^4 = z^4$ 的解，造出一連串滿足費馬方程式的自然數解，而且第三個元素越來越小（因為 $X^4 + Y^4 < x^4 + y^4$）。但是考慮到最小自然數存在的確鑿事實，第三個元素也不可能無止境的變小。由這個矛盾，我們就知道兩個四次方數的和不可能為平方數，更別說是一個四次方數了。這種思考工具，就是無窮遞減法。無窮遞減法令人驚豔的地方也在於，它們突然就能澄清事情。總結來說：方程式 (28) 不可能有整數解 x、y、z，因為這個假設會得到矛盾。以上就是針對費馬大定理的這個特例，所做出的美麗又精妙的論證。然而，後續的證明煞住這份喜悅的苦痛。仔細研究後，發現這個方法並不能推到指數 $n \neq 4$ 的其他情形。很不幸的，懷爾斯針對一般情形的證明並沒這麼短，而是有大約兩百頁密密麻麻、非常複雜的論證：一條證明巨龍！一個令人敬畏到想跟他保持距離的證明，或是幫它建個紀念碑。為何不幫它寫首紀念詩呢？

人類，數學，詩。紀念費馬大定理的打油詩
許多世紀以來的難題，
讓智者賢人都困惑不已。

終於真相大白時，

證明老費馬是對的──

只要在頁緣處加上兩百頁。

──**保羅・切爾諾夫**（Paul Chernoff）

我們現在就來看看如何做小小的改變，讓複雜的事情變簡單。我們來寫一個「非常小」的準費馬定理：以下的方程式

$$n^x + n^y = n^z \tag{29}$$

在 $n \geq 3$ 的情形下，x、y、z 沒有正整數解。

幸好，這項快樂的練習不需要我們寫上兩百頁的證明。一張小計算紙便足夠。

我們以必需的考慮開始：根據假設，x 和 y 都是正數，且 $n \geq 3$，所以必得到 $z > x$ 和 $z > y$。我們可以將等式同除以 n^z，這樣就可得到下面這個全新又和藹可親的關係式：

$$n^{x-z} + n^{y-z} = 1 \tag{30}$$

現在我們要證明，在所有 $n \geq 3$ 的情況下，(30) 的左式永遠小於 1，讓這個方程式不可能有解。根據一開始的條件，$x - z$ 和 $y - z$ 均不會大於 -1，而且 $x - z$ 和 $y - z$ 越大的話，$n^{x-z} + n^{y-z}$ 也越大，所以在 $x - z = y - z = -1$ 時，兩者之和會是最大值。也就是說，我們得到 $n^{x-z} + n^{y-z} \leq n^{-1} + n^{-1}$。如果 $n = 3$，不等式的右邊為最大值。所以我們可以發現，$n^{x-z} + n^{y-z}$ 不可能大於 $1/3 + 1/3 = 2/3$，意思就是，所有被允許的 n、x、y、z 值永遠小於 1。這樣就證明了，方程式 (29) 不可能有正整數解。

最後還要注意，在 $n = 2$ 的情況下，方程式 $n^x + n^y = n^z$ 當然有正整數解，因為 $2^x + 2^x = 2^{x+1}$。

我們現在要把費馬的專利，也就是無窮遞減法，做另一項應用。這個例子也用到了奇偶原理。

球隊組成。 一共有 23 名業餘足球員想踢球，每隊各 11 名球員加上一位裁判。為了公平起見，隊伍分配完後，兩支球隊的總體重應該相同。每位隊員的體重皆為整數。不論哪名球員被選為裁判，兩支隊伍的總體重都為相同。請你證明：只有在所有 23 位球員的體重均相同的情況下，上述情況才有可能發生。

我們先將每位球員的體重記為 g_1, g_2, ..., g_{23}。如果其中的 22 個數字分成兩組後，每組總和相同的話，我們就稱這組 23 個數字是平衡的。滿足條件的球員體重也就可以被稱為平衡。如果一組數字平衡的話，我可以將每個元素加或減任意的數 a，也可以乘除任意的數 b，而得到結果仍為一組平衡的數字。這是第一個，也是最簡單的結論。

我們的求解之路才剛開始，就出現了具體的事實。再進一步假設：數列 g_1, g_2, ..., g_{23} 是平衡的，且 $S = g_1 + g_2 + ... + g_{23}$ 為所有體重的總和。假使 g_1 是裁判的體重，那麼 $S - g_1$ 必定為偶數，因為剩下來的總重量要能平分成兩個相等的整數。根據相同的論證，我們就可以說 $S - g_2$, $S - g_3$, ..., $S - g_{23}$ 也都會是偶數。因此我們現在可以聲稱，在一組平衡的自然數中，所有的數必定全是奇數或是偶數，它們有相同的奇偶性。這是另一件重要的發現。

現在，如果 g_k 是最小（或是最小之一）的重量，那麼我們將重量總和減去 g_k，便可得到一組平衡的數字（上述結論），而數列中至少有一個數字為 0。因為 0 是偶數，所以新數列中所有的數字必定為偶數。那我們便可以將這些數字除以 2，再獲得一組新的平衡數列（上述結論）。我們可以任意重複最後這個步驟，而由於得到的數列中至少有一個數字為 0，因此所有的數字都為偶數。

假設這些數字在減去 g_k 後，並非全部都等於 0，那麼上述任意能被 2 整除的事實便會得到矛盾，因為每個自然數都不能無止境地被 2 整除。所以，在減去 g_k 之後，所有數字必定等於 0，這表示 g_k 和其他數字均等於 0。

把無窮遞減法則加上奇偶原理，就產生了令人佩服的應用。

14. 對稱原理

在給定系統裡有沒有某些對稱性質，可以讓我們從中取得資訊？

對稱性替外表看來不相干的
物體、現象及理論之間
創造了既美好又令人莞爾的關係：
就像地磁、偏振光、
天擇、群論、
宇宙結構、花瓶形狀、
量子物理、花瓣、
海膽的細胞分裂、雪花、音樂和
相對論……

——研究對稱性的德國數學家外爾（Hermann Weyl, 1885-1955）

如果敵人在射程之內，那麼你也是。

——美國步兵期刊

　　對稱這個概念，源自古希臘文 symmetria，而這個字又是由以下兩個詞組合而成：

sym：相同的，同類的
metron：測量值，度量

意思就是對稱性。

　　在西元前 500 年，古希臘雕塑家波留克列特斯（Polykleitos）第一次使用對稱當作他新穎的美學概念，組成一件雕刻作品的各個部分，不但彼此呈現出和諧、一致、平衡，也與整件作品形成這樣的對稱感。

今日可以將對稱運用在狹義和廣義上面。狹義的對稱，指的是展現在人體或幾乎所有動物身上，我們熟悉的鏡射對稱（線對稱）：身體左半部看起來幾乎就像右半部身體在鏡中的樣子。特別令人印象深刻的還有蝴蝶翅膀的雙邊對應，在動物界裡其他部分幾乎都是這個樣子：大自然裡幾乎找不到不對稱的物種。

廣義而言，如果一個物件（一個物體、生物、化學式、數學方程式、物理定律）經過某些程序（鏡射、旋轉、交換或變換）之後仍保持不變，便稱為對稱。

在可觀測宇宙中，到處都能發現廣義的對稱。沒錯，對稱是已知宇宙的基本原理，對稱無所不在，許多思想家都將它看成設計原理，就連自然律本身也是從中產生出來的。我們就趁現在好好介紹一下不同情況下的對稱例子。

大自然顯然偏好對稱。除了生物身上，晶體和化合物裡的對稱性也十分引人矚目。相對於不對稱性，對稱性顯然有選擇優勢，不然它不可能在競爭選擇上那麼常勝利。

許多人覺得對稱是美的，因此這個特質常常出現在藝術作品和建築裡，主要是呈現在形式、位置、排列和結構上。最著名的就是荷蘭畫家艾雪（M. C. Escher）的「對稱」系列作品，不管從上下左右哪個方向看都一樣。

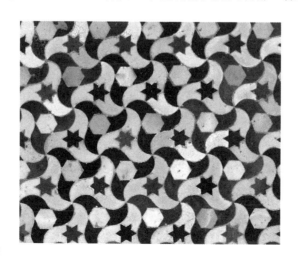

圖71：艾雪的畫作

　　建築上應用對稱原理的特別例子，是泰姬瑪哈陵，圖72拍出了水中的倒影，甚至有兩條對稱軸，一條是垂直的，一條是水平的。

圖72：泰姬瑪哈陵

　　我們在一些語言結構裡也會遇到對稱，例如在迴文裡，既能順著讀，也能逆著讀。例如：

霧鎖山頭山鎖霧，天連水尾水連天
絕塞關心關塞絕，憐人可有可人憐
月為無痕無為月，年似多愁多似年
雪送花枝花送雪，天連水色水連天
別離還怕還離別，懸念歸期歸念懸

或是耳熟能詳的

上海自來水來自海上，山東落花生花落東山

　　就連在遺傳物質DNA的語言裡，由四個核苷酸：腺嘌呤（A）、胞嘧啶（C）、鳥糞嘌呤（G）和胸腺嘧啶（T），所組成的DNA序列中（DNA序列又再組成

遺傳密碼），迴文序列也扮演了重要角色，例如：

ATTGCICGTTA

分子生物學家發現，某些酶會以迴文序列的對稱中心當作識別點。

語言藝術作品中，例如詩歌，對稱不時地被當作修辭手法使用，例如像在重音和輕音的音節順序或是詞的排列：

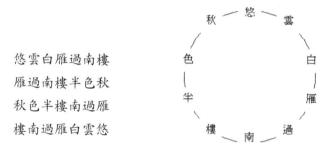

悠雲白雁過南樓
雁過南樓半色秋
秋色半樓南過雁
樓南過雁白雲悠

就連在音樂裡，對稱原理也扮演了重要角色。「蟹行」這個術語的意思是指倒著奏出一串音符。一種對垂直線的鏡射。音樂上的蟹行在巴洛克時期特別受歡迎。巴赫（J. S. Bach）的作品《賦格的藝術》，也是刻畫出對稱概念的好例子，這部作品中運用了另外一種對稱形式：音符彷彿是對水平線的鏡射，第二個聲部就像第一個聲部的鏡像。

許多日常生活現象中，也採用對稱的系統。特別完善的應用是在大眾運輸系統裡，所謂的整體區間時刻表。特別注意樞紐點擁有有利的轉車連結。不同路線的相交時間被稱為對稱時間。為了提供所有行駛方向有利的連結，所有交會路線的對稱時間必須相互配合。通常是以這種方式安排：對於一個行駛方向的每班車次，都安排一班往相反方向的對應車次，例如有一列車在 17 分會停靠於某一站，對向列車便會在 43 分時從同一站開車。這個以整點為準的對稱系統，稱為零對稱。對於整體區間時刻表裡的所有路線而言，都有此類的相互關係。

在以數學方式呈現的自然律中，可以找到另一種抽象概念的對稱。這牽涉到

清楚表達物理量之間的關係的方程式。這些方程式是在描述物理系統的狀態及變化。透過少數的遊戲規則就能描述浩瀚的可觀測宇宙，單單這點，就是一種與眾不同的智慧魅力。馬克士威方程式（Maxwell's equations）和愛因斯坦相對論裡的關係式，便屬於其中。

關於自然律對稱性的問題，可以用以下這些問法：我可以對這個世界做哪些種類的改變，但又不會改變那些描述我們觀察到的所有現象的定律？自然律在哪些變換下仍會保持不變？第一個，也是最簡單的改變，就是位置的轉移。在柏林成立的自然律，無論是搬到撒哈拉沙漠還是月球上，都一樣成立。另外，宇宙中並沒有得天獨厚的方向。我們可以說：自然律對於所選定的任何坐標系都是對稱的。就連相對論也是個偉大的對稱化概念，它建立了時空連續體的完整對稱性，不管觀察者是否正在做加速運動。

愛因斯坦是透過重力的新觀點獲得這個概念；重力就是兩個質量之間的引力。為了了解此概念的核心，你可以想像電梯裡有個人站在體重計上。電梯往上時，身體對體重計的施力變大，量出的體重就比較重。重力變大時，也會有相同的效應。電梯向下時，身體對體重計的施力減輕，體重計上的數字便變小。重力若變小，也會產生同樣的效應。如果電梯處於自由落體的狀態，那麼體重計就記錄不到任何重量。

愛因斯坦是在 1907 年想出了重力強度與運動狀態之間的對稱關係。在之後的演講中，他描述著頓悟的那一刻：「我坐在伯恩專利局裡，腦海中突然出現這個想法：如果一個人處在自由落體的狀態下，那麼他便感受不到自己的重量。我好驚訝。這個簡單的想法讓我印象深刻。它把我推向一個新的重力理論。依照這個理論，重力所產生的力和加速度所產生的力，是同一件事。」一個影響極為深遠的對稱原理，就從這個想法產生了。

數學上有許多種對稱。例如幾何的對稱概念。如果有個運作能使兩個幾何結構互相映射，它們就是彼此對稱的。之前提過的鏡射對稱，便是一個例子，另外還有點對稱、旋轉對稱和平移對稱。

對稱概念裡另一個重要的觀點在於對稱關係。關係可被理解於兩項事情之間

的關係，例如「大於」關係，或是兩人之間「以名相稱」的關係。如果 a 和 b 之間存在著一種關係，可以用符號表示為 aRb，卻不一定事先就能認為 b 與 a 之間也存在著同種關係，也就是 bRa 不一定存在。在「大於」關係中，這當然不可能發生；如果 a 大於 b，那麼 b 一定不可能大於 a。

aRb 和 bRa 同時成立的關係，就可以稱為對稱關係。「以名相稱」是否也屬於此類關係，必須看情況。在同事之間必定如此，但在學校裡面一般來說卻不是。老師以名字稱呼年輕的學生時，學生原則上都是以姓氏稱呼老師。

對稱性出現的地方都十分重要，因為對稱性將可能出現的各種現象，化簡到在某些作用之下保持不變的現象。取決於背景，可以包含強烈降低複雜度的作用。認出、決定和利用問題脈絡中既定的對稱性，是個重要的解題技巧。我們現在要介紹兩個問題，只要使用基於對稱性的技巧便可輕鬆解決。

圓桌上的硬幣遊戲。 兩個玩家坐在圓桌旁，並且有無限供應的硬幣。玩家輪流將一枚硬幣放在桌上。硬幣必須平擺在桌面上。放下最後一枚硬幣時，硬幣還能完全擺在桌上的玩家，就是贏家。若兩個玩家都處於最佳狀態，誰會是贏家？勝利的策略為何？

解：對稱原理的獨奏。能夠維持對稱狀態的人，就是贏家。放第一個硬幣的玩家必須將硬幣放在桌子正中央，才能建立對稱性。他接下來的步驟則是：下一個硬幣都要擺在對手所放的硬幣的點對稱之處，以便維持對稱狀態。用這個方式，第一個玩家強迫對手破壞擺好硬幣的對稱性，並在下一局重新建立對稱狀態，直到第二個玩家找不到任何地方擺硬幣為止。然後遊戲結束，第一個玩家獲勝。他的必勝策略主要建立在桌子的對稱形狀上。

下一個例子也是練習維持對稱的模範。

量體重和被量體重。 在醫院裡測量小嬰兒的體重一點也不簡單。體重計的指針和小嬰兒身體都會亂動。因此，安娜抱著嬰兒，站在體重計上，護士克拉兒寫下兩個人共同的體重 76 公斤。接下來，換護士抱著嬰兒站在體重計上，安娜寫下

兩人共同的體重 83 公斤。最後安娜和護士一同站在體重計上，醫生抱著嬰兒，並寫下兩人共同的體重 151 公斤。安娜、嬰兒和克拉兒分別多重呢？

從體重計的讀數，我們得出三個方程式，三個未知數分別是安娜 a、寶寶 b 和克拉兒 c 的體重：

$$a + b = 76$$
$$b + c = 83 \tag{31}$$
$$a + c = 151$$

如果已知三個人的總重量 g 的話，便能輕鬆得知三人個別的體重。這將會是個簡單的減法問題，例如：

$$b = g - (a + c) = g - 151$$

可以看出，在現有的三個方程式中，三個未知數的其中兩個是對稱的（例如我可以將第一式中的 a 和 b 對調，結果仍然一樣），但全部三個未知數之間就不是對稱的了（如果我把第一式，即 $1 \cdot a + 1 \cdot b + 0 \cdot c = 76$ 當中的三個未知數互換，就會是錯的）。

但是，如果利用三個未知數在等式左邊均出現兩次的事實，將三個方程式相加，便可以做到對稱。這樣一來，所有三個方程式的總和在三個未知數中就是對稱的：

$$(a + b) + (b + c) + (a + c) = 76 + 83 + 151$$

也就是等於

$$2a + 2b + 2c = 310$$

首先可得到 g = a + b + c = 310/2 = 155，接著由 (31)，便可求得個別的體重

$$a = g - (b + c) = 155 - 83 = 72$$
$$b = g - (a + c) = 155 - 151 = 4$$
$$c = g - (a + b) = 155 - 76 = 79$$

在這裡，解題最關鍵的一步也是引進對稱關係，具體來說就是造出一個對所有未知數均對稱的方程式。

15. 極值原理

我能不能從給定問題的極端情形，研究出所有情形的相關資訊？

沒有東西來到世界
不帶著耀眼的最大或最小性質。

——萊昂哈德 · 歐拉

我是我曾經擁有過最好的人。

——伍迪 · 艾倫（Woody Allen）

賽車的藝術就在於
越慢衝刺到最快越好。
　　——埃默森 · 菲蒂帕迪（Emerson Fittipaldi），一級方程式賽車冠軍車手

　　上面引述自歐拉的這句引言，道出了宇宙中唯有遵循極值原理的事件，才會變成事實。這個想法大約有兩千年之久，最早可追溯到古希臘數學家希倫（Heron von Alexandria）。滾動的球會選擇最陡的斜坡，從 A 點出發傳播到 B 點的光線，會選擇所需時間最短的路徑。這個原理稱為費馬極值原理，解釋了光線在透鏡及其他光學介質之間為什麼不一定是直線傳播，而是表現出省時的行為，選擇另一條比走直線來得省時的路徑。雖然光波在均勻介質中的路徑是直線，但在遇到不同的介質時，就會是一條有角度和彎折的路徑，而且若介質本身的光學性質持續改變，光線的路徑也有可能成為弧線。

　　河流也是選擇阻力最小的路徑，而肥皂液薄膜因為有表面張力的關係，會讓肥皂膜的表面積達到最小。1970 年代初期，自然界的極值原理也使用在以當時的標準看來十分充滿未來感的建築設計上：為 1972 年慕尼黑奧運興建的體育場，屋頂的設計就是靠著肥皂泡泡實驗來找出最佳的結構。

　　其他的最佳化問題，也可以使用肥皂水解決，例如「史坦納問題」（Steiner-

Problem）：為了簡短地陳述這個問題，我們來看一個正方形的四個頂點。這四個頂點的相連方式是，從每一點都能到達其他三點，而且連線的長度總和必須為最小值。從應用及一般化的目的來看，我們可以將四個頂點想成四個利用高速公路來往的城市，所需建造的高速公路的里程數越少越好。

即使我們把問題簡化成正方形的四個頂點 A、B、C、D，這個問題也不好解決。可以想到的第一步，是將相鄰的點連起來，這樣便得到一個正方形 ABCD。所有路徑的總長 L，等於正方形邊長的四倍，也就是 L = 4 個單位長。

這是天真的第一個解題嘗試。仔細來看，如果去掉正方形的任何一邊，四個點之間還是有辦法連通。在這個情況下，L = 3。另外還有一個達成要求的替代方案，是正方形 ABCD 的兩條對角線相交。這個情況下，連結路徑總長等於對角線長的兩倍，由畢氏定理，可知對角線長是 $\sqrt{2}$ ，於是 L = $2\sqrt{2}$ = 2.82。

但這還不是最佳的解。如果我們用兩塊玻璃板、四根棍子和一桶肥皂水，就可以靠實驗的方法解決這個問題。器材備妥後，我們就要以非理論的方式處理史坦納問題。四個棍子代表四個頂點 A、B、C、D，兩塊玻璃板像三明治一般夾著站立的棒子。將這個結構物完全浸在肥皂水裡一小段時間。一般情況下，在棒子之間會形成一層肥皂薄膜。肥皂膜會努力讓表面積達到最小。因此，肥皂膜的形狀會是史坦納問題的解的三維類比。所有相鄰面之間的夾角正好為 120 度，在這個情況下，L = $1+\sqrt{3}$ = 2.73。

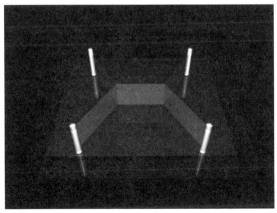

圖73：形成肥皂泡薄膜

生物界也是處處碰得到極值原理。大自然喜歡最節省材料的行為方式。截面呈六邊形的蜂窩，也是大自然建築法最佳化的最好例子。

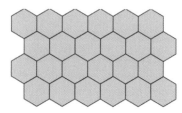

圖74：蜂窩六邊形格子的示意圖

圖75：活生生的蜂房

如果說到要使用最少的蜂蠟，將許許多多相同大小的蜜蜂幼蟲放在蜂房裡，沒有比蜜蜂更高明的了。最佳的策略就是，把截面為正六邊形的蜂房排列在一起。就連古希臘時代的數學家帕普斯（Pappos von Alexandria）便有如此推測，但一直要到 1999 年，才由美國數學家黑爾斯（Thomas Hales）做出確鑿的證明。蜜蜂築巢的時候使用到最少的蜂蠟，因此從數學角度而言可說是達到真正的最佳化。

除此之外，植物排列葉子的方式也是為了能最有效率地使用光（以陽光的形式）和水（以雨水的形式）。另外，達爾文的演化論也是基於最適者生存的極值原理。

物理學家知道，在宇宙的基本程序中，有一種物理量也符合極值原理，稱為「作用量」。這可回溯到法國數學家、物理學家莫佩爾蒂（Maupertuis, 1698–

1759）的最小作用量原理，他是從哲學的思考推論出這個原理的；他假設自然界遵循一種節約原理，因此必定有一種量，在自然現象中會趨向最小值。古希臘數學家芝諾多羅斯（Zenodorus，大約西元前 200 到 140 年）就曾猜測，我們在大自然中觀察到的狀態變化，需消耗的資源是最少的。

就連經濟學裡，也有許多理論是以極值原理作為人類經濟行為的基礎。其中一個是最小值原理。這個原理是在假設，對於預設的目標（產出），經濟行為者會將達成目標所需的資源（投入）減到最少。相反地，最大值原理先預設能使用的資源量，讓使用此資源所達的利潤最大化。

美妙廣告世界中的極端

美國企管顧問麥特・海格（Matt Haig）寫過一本有趣的書，內容是關於一百個大品牌的失敗案例。可麗柔（Clairol）這家公司曾經嘗試將名叫「Mist Stick」的捲髮棒推入德國市場，結果失敗（英文的 mist 在德文中有「堆肥」的意思）。

在 1980 年代，百事可樂集團也嘗試拓展中國市場。中文裡充滿精妙且細微的語意差別，這導致百事可樂的廣告詞「Come alive with the Pepsi Generation」被錯誤翻譯為「百事可樂把你的祖先都從墳墓裡挖起來」。

福特汽車公司的車款 Pinto 在全世界的銷售十分成功，唯獨在巴西市場經歷了嚴重的失敗。因為在打進市場時，這項車款的名字並未做任何更動；在巴西的官方語言裡，Pinto 的意思是「小雞雞」。福特最後發現了銷售困難之處，將名字改成 Corcel，意思是「種馬」。

數學裡也有許多既微妙、又符合簡單極值原理的物件：在固定周長的平面形狀中，以圓形的面積最大，而在同體積的三維結構中，以球體的表面積最小。因為表面張力的緣故，大自然裡的泡泡和雨滴會呈現球狀。

不僅如此，在思考和問題解決的過程中，具有極端性質的物件也扮演了重要角色。因為在許多問題情況裡出現許多可能的結構和物件，以啟發式的角度而言，首先只考慮一些少數情形，是十分有用的。極端的性質，像是最長、最大、

最小、最快,或是其他任何位於邊緣的特殊情形,因為它們和約束條件之間的關係若不是特別清楚,就是特別容易運用。

就這層意義上,各學門都可以把極值原理當作解題啟發思考法來使用,可說是優秀解題者囊中的重要道具。

極值原理特別適合用來證明某種具備特定性質物件的存在。我們通常可以指派數量給物件,這樣就能依照順序排列。有時候,物件對應數值的方式可以是將任一極端性質(例如最小的數字、最大的面積、最慢的速度),對應到具有所求性質的物件。又或者,我們可以稍微改變一下極端性質,由此得出有用的結果,例如當指派的數量在改變之下又得到更極端的數值時。

我們現在就來看兩個特別出色的題目,作為範例。**房子和井水問題**是個富有教育意義的例子。問題如下:某區域有 n 棟房子和 n 口井,每棟房子都要透過一條直線水管與井連結。有可能做出不讓兩個水管互相交錯的設計嗎?

讓每間房子連到一口井的方法一共有 n! 種。從 n! 種情況中,我們要選出所有水管的長度總和最短的連法。極值原理已經出任務了!在總長度最短的情況下,所有的水管都不會相交。為什麼不會呢?理由是根據反證法。所以,我們運用了另一個思考工具。我們假設以下的極端情況,從 A 井連接到房子 C 的水管,與從 B 井連接到房子 D 的水管,相交於 X 點:

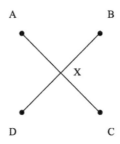

那麼,AC 水管可換成 AD 水管,BD 水管可換成 BC 水管。由於兩點之間的直線距離是最短的,因此 AX 和 XD 的總長一定大於 AD,BX 和 XC 相加也比

BC 來得長。我們創造了一個新的水管配置法，而且所有水管的總長度更短。這與最初假設的最小值產生矛盾。

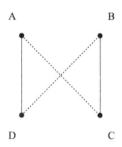

圖76：兩條總長度更短的水管

　　透過除去相交點的方式，我們可以將特定配置方式改成水管總長較短的方式。而在總長度最短的配置中，所有的水管都不會相交。

　　第二個運用極值原理的例子，是**首都問題**。

　　在某個國家，總統下令只能有單行道，不但如此，兩個城市之間只能透過一條直達道路互通。現在，總統希望從 n 個城市選出一個升格成首都。他的顧問建議，應該要選那個可從其他所有城市直達的城市，或是最多只需經過一個城市就可到達的城市。總統問他，到底有沒有這樣的城市存在。

　　首先必須先做一些小的事前準備工作。針對每個城市，我們先找出可以直達的道路總數。令 m 是所有總數的最大值（極值原理！），而 M 是具有 m 條直達道路的城市。再假設 D 為能夠直達 M 城的所有城市的集合。最後，令 R 是不包含在 D 內，且非 M 城的所有城市的集合。我們現在可以開始組合了。如果 R 集合中沒有任何城市，那麼 M 城就具備所求的性質，可以成為首都。很好。如果 R 集合中有一個 X 城，那麼在 D 集合中就會有一個 E 城，使得 X → E 及 E → M 這兩條直達道路存在。正確嗎？沒錯！因為如果沒有 E 城的存在，那麼 X 城就可從 D 集合中的所有城市及 M 城直達，也就表示有 m + 1（大於最大值 m）條道路可直達 X 城，這與我們對 M 城的假設產生矛盾。由 M 城的極端情形，可知這是不可能的事。因此從 X 城到達 M 城，必定只能經過一個其他城市。

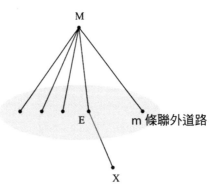

圖77：首都問題中的M、E、X城

　　換句話說，每個直達道路數量為最大值 m 的城市，都適合當作首都，根據顧問建議的條件。一個既狡猾、又漂亮的解。

16. 遞迴原理

解題時可以將問題一步一步推到更簡單的版本嗎？

遞迴這種東西就是，假如你認識某個了解遞迴的人，就能了解它。

—— Th. Frühwirth

等待喜悅也是一種喜悅。

——萊辛（G. E. Lessing）

談判的目的不在於勝利，
而是讓對方相信
他獲得勝利，甚至是讓他相信
他讓我相信
我獲得勝利。

——羅爾夫・多比利（Rolf Dobelli）

公家機關散文選。「這不表示
抗議一個在期限內接受抗議必須像放棄抗議
或是抗議放棄抗議以及接受抗議一樣被看待。」

——節錄自巴伐利亞高等法院的裁決結果

遞迴：見「遞迴」

——斯坦凱利—布萊爾字典中的詞條：The Computer Contradictionary

遞迴（Rekursion）一詞是從拉丁文 recurrere（意思為往回跑）衍生而來，代表的意義為自我參照。一般情況下的意思是將結果運用在（大部分重複）一個運算上。這種自我參照既可抽象也可具體，出現在日常生活的許多領域當中：包裝

裡出現一幅畫，畫中也出現同樣的包裝；電視中一個畫面顯示桌子上擺著一台電視，那台電視的畫面出現一張擺著一台電視的桌子，以此類推。

一些現代生活工具也可以讓人涉及遞迴的結構。今日的電話可以不只接一個人的來電。和 A 講電話時，B 可以插撥進來，現在只要按個鈕就可以保留與 A 的通話，接起 B 的來電。如果還有 C 打電話來，可以再將 B 的來電保留，與 C 通話。若還有個 D 打電話來，可以請 C 稍等，接起 D 的電話，以此類推。

若和 D 的談話結束，可以回到與 C 的通話，這方結束後再回到 B，最後到 A。如果和 D 通話時還有人打過來，遞迴的深度便逐步增加。

卓別林的電影《大獨裁者》一開始的場景，便幽默地詮釋了遞迴的意義。應該朝著目標轟出的砲彈卻直接掉出砲管。點火裝置出了問題。最高階的軍官對著比他低一階的軍官下令：「檢查點火裝置！」這個軍官也馬上將同樣的命令轉達給直接的下屬，將任務交付給他，進而完成自己的任務。「檢查點火裝置！」的命令透過轉達給下屬的方式被執行。這個命令最後到了最低階，由卓別林飾演的士兵身上。他也試著將命令轉達給別人，但給誰呢？已經沒有接受他命令的人的存在，最後他只好自己執行。

巴維拉斯實驗

史丹佛大學教授巴維拉斯（Alex Bavelas）在某次研究中，分別給兩組受試者看不同的人體細胞圖片。沒有醫學背景的兩人必須靠著嘗試錯誤法，來分辨健康細胞和生病細胞。他們可以獲得回饋意見，得知自己的診斷結果是對還是錯。根據回饋意見，他們就能慢慢發展出一套判斷細胞是否生病的系統。

但此實驗卻有個陷阱。只有一組受試者（A）會獲得正確的回饋意見，因此 A 組只需要學會判斷兩種細胞，這並不是十分困難；大部分參與實驗的人有 80% 的成功率。

另一組受試者（B）遇到的情況卻截然不同，但他們和 A 組均渾然不知這件事。他們獲得的回饋意見並非根據自己的診斷，而是基於 A 組的診斷；他們獲得的回饋意見等於是 A 組的診斷對錯結果。B 組必須根據貧乏且遞迴

的資訊情況，發展出判斷細胞狀態的系統。

之後，A 和 B 兩組要討論各自的診斷原則。基本上來說，A 組的原則既簡單又具體，但 B 組的原則十分難以捉摸，且非常複雜，因為他必須根據貧乏且間接的資訊來建立（錯誤的）判別系統。有趣的是，A 組並不認為 B 組的系統不清不楚，相反地對這套充滿細節、高明複雜的系統印象深刻，認為自己一定漏看了什麼東西，並假設自己平庸又簡單的系統一定不及 B 組。B 組的所有受試者和 A 組大部分的受試者，都認為較複雜卻錯誤的系統比較高明。如果現在兩組繼續做測試，B 組的成功率真的比 A 組高，因為 A 組在討論過後接收了一些 B 組不清不楚的想法，因此造成他們的系統不正確，成功率變低。這就是現實扭曲傳染效應的典型範例。

若再增加一組受試者，其回饋結果取決於 B 組的答案，而 B 組取決於 A 組的答案，將遞迴的層級變多，一定很有趣。

> 母雞只是一顆蛋再下一顆蛋的表現方式。
>
> ——**英國作家巴特勒**（Samuel Butler, 1835-1902）

遞迴是幫助解決問題和完成任務十分有利的工具。我們現在就用幾個例子來示範。

派對過後的早晨。 碗盤必須清洗。你正好經過廚房，有人問你：「能不能把碗盤洗一洗？」你雖然接受了任務，但一點興致也沒有。所以你洗了一部分碗盤後，便找下一個人問：「能不能把碗盤洗一洗？」這個人洗了一部分之後也採取同樣方式。因為每個人都洗了一部分的碗盤，這個方法不會陷入無限循環。因為必須被完成的工作一步一步地減少，最終洗碗槽總會變空，到時就不用再執行詢問「能不能把碗盤洗一洗？」這個任務。每一個遞迴程序（不管是任務、定義或是過程）都需要一個這樣的點，才不會陷入無限輪迴。

慈善機構介紹新宣傳活動的記者會

　　女公關把自己剛滿週歲的健康寶寶帶到記者會現場。她往麥克風的方向前進時，將寶寶交給講台上第一位先生，希望他能代為照顧。以一種不一樣的方式：這位先生把寶寶遞給下一位先生。第二位先生也以遞迴的方式進行，直到所有六位男士都輪過一遍。最後一位男士站起身，帶著寶寶離開講台。兩分鐘後他回到現場，坐了下來。他將寶寶交到衣帽間。

——托爾夫（Alexander Tropf）：生命自己寫下的挫敗
（Niederlagen, die das Leben selber schrieb）

　　數學裡的遞迴策略也存在了超過兩千年之久。現存下來的最早例子之一是西奧多羅斯（Theodorus, 西元前 465–398）的車輪。他是畢達哥拉斯的學生、柏拉圖的老師，同時也是畢氏學派的成員。西奧多羅斯是第一個用遞迴的方法，將無理數 $\sqrt{2}$、$\sqrt{3}$、$\sqrt{5}$、$\sqrt{7}$、……以線段長作圖呈現出來的人。他的第一步是作出兩股均為 1 的直角三角形 D_1。D_1 的斜邊，便構成了直角三角形 D_2 的其中一股，另一股的長度也為 1。如此遞迴下去。D_{n-1} 的斜邊是 D_n 的其中一股，另一股的長度是 1。由畢氏定理，這就表示：

　　D_1 的斜邊長為 $h_1 = \sqrt{2}$，D_n 的斜邊長為 $h_{n-1} = \sqrt{h_{n-1}^2 + 1}$，對所有的 n = 2、3、4、……。這樣一來，就遞迴產生出線段長度 $\sqrt{n}$ 的序列。

　　遞迴原理，一個無限聰明、可以將問題一般化的結構。

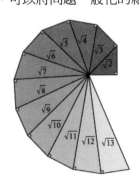

圖78：西奧多羅斯的車輪

使用遞迴原理也可以畫出有趣的圖形，像是造出偶爾被稱為「怪獸曲線」的圖形，例如科赫曲線（Koch curve）。從一條線段開始，接下來的建構規則簡單好懂，主要就是將每條線段 g 換成四段長度為原來的三分之一 g/3 的新線段，方法如下：

每條線段換成

這個代換過程重複遞迴下去。從一條簡單的線段開始，前面幾個步驟的變化就會像下面的樣子：

整個過程無止境地重複做下去，便能做出科赫曲線。

最後，再提一下遞迴縮寫。這是一種自我參照的語言結構。最好的例子就是 VISA 國際組織的縮寫，這個字代表：

VISA International Service Association

數學解題策略當中的遞迴原理，是一種將問題逐步推到較簡單版本的方法。這裡我們也有一個應用案例。

終結玩家。 A、B 兩位玩家在玩一種簡單的硬幣遊戲，開始時兩人手上的本錢分別是 a 和 b 歐元。其中一人擲銅板。若擲出正面，A 從 B 身上獲得一歐元，若出現反面，B 從 A 身上獲得一歐元。遊戲一直持續進行到其中一人輸光一開始的本錢為止。玩家 B 先輸光錢的機率有多大？

我們把 A、B 兩人的共有本錢簡寫成 k = a + b，而用 p(x) 代表 B 先輸光錢的機率，此時 A 手上還有 x 歐元及 B 還有 k − x 歐元。我們對 p(a) 特別感興趣，但若定義並決定出 x = 0、1、2、…、k 時的函數 p(x)，對於解題來說會十分有用也比較容易（一般化原則！）。如果 A 目前還剩下 x 歐元，那麼他在下一局遊戲後不是剩下 x + 1，就是 x − 1 歐元，取決於遊戲的輸贏。兩個情況出現的機率相等，都是 1/2（對稱原理！）。我們的思路從這裡找到了出口。從最初的考慮，我們可以寫出以下的方程式：

$$p(x) = 1/2p(x − 1) + 1/2p(x + 1)，對所有的 x = 1, \cdots, k − 1$$

兩個邊界值分別為

$$p(0) = 0$$
$$p(k) = 1$$

我們也可以把剛才的方程式寫成以下的形式：

$$p(x + 1) − p(x) = p(x) − p(x − 1)$$
$$對所有的 x = 1, \cdots, k − 1 \tag{32}$$

這麼一來，我們就準備好要使用遞迴原理了。藉由 (32)，這個問題可以自行一步步化簡。說得具體些，關係式 p(x + 1) − p(x) 的值，可以重複循環遞迴下去，一直做到 p(1) − p(0) = p(1) 為止。也就是像下面這串方程式：

$$p(x + 1) - p(x) = p(x) - p(x - 1) = p(x - 1) - p(x - 2) = \cdots\cdots = p(1) - p(0) = p(1)$$

這對於所有的 x = 1, ..., k − 1 都成立。

於是，我們得到了這個漂亮的基本成果和有用的關係式：

$$p(x + 1) = p(x) + p(1)$$

現在我們就明確地列出算式，稍微整理一下。

$p(2) = p(1) + p(1) = 2 \cdot p(1)$
$p(3) = p(2) + p(1) = 2 \cdot p(1) + p(1) = 3 \cdot p(1)$
$p(4) = p(3) + p(1) = 3 \cdot p(1) + p(1) = 4 \cdot p(1)$
.
.
.
$p(x) = x \cdot p(1)$，其中 x = 0, ..., k

其餘就靠代數運算了。將 x = k 代入，也就是考慮邊界值，可得

$p(k) = k \cdot p(1) = 1$，所以 p(1) = 1/k。

至於 B 輸光錢的機率公式，就水到渠成了。十分簡單：

$p(x) = x/k$，其中 x = 0, 1, 2, ..., k。

最後我們仍要將目光拉回到 x = a 這個特殊情形，得到 p(a) = a/k，這便是所求的機率。大功告成，聖誕佳節快樂。

聖誕聚會和禮物。 一間公司裡，n 個職員的聖誕禮物會用以下方式分配：每個職員帶一份禮物參加聖誕聚會，接著職員隨機抽出每個人帶來的禮物。去年聚會時，一個職員抽到了自己帶來的禮物。這是件不尋常的事嗎？

解：首先，把編號 1 到 n 的禮物分給編號 1 到 n 的職員，一共有 $n \times (n-1) \times (n-2) \times \dots \times 3 \times 2 \times 1 = n!$ 種方法；編號的原則是，i 號禮物是由 i 號職員帶來的。

現在，假設 a_n 為 n! 種排列方法當中的錯排數。如果 i 號禮物並非被 i 號職員抽到（我們說「物件 i 不在位置 i」），這種排列就稱為錯排。稍微回想一下，你會發現我們已經處理過具有相同結構的問題，也就是在第 85 頁提到的《男士健康》雜誌文章中提出的問題（類推原則！）；答案就是 (15) 式，是由排容原理解出來的。現在我們要用遞迴原理得出相同的答案。

我們要具體地導出 a_n 的遞迴關係式。為了讓第一個位置錯排，物件 1 不能在位置 1，也就是說，物件 1 只有 n – 1 個位置可以選擇。現在我們來求物件 1 在位置 2 的錯排數；結果必須再乘上 n – 1 才能得到 a_n；因為對稱的關係，物件 1 在位置 2 的錯排數會等於物件 1 在任何位置 i = 3, 4, ..., n 的錯排數。

物件 1 在位置 2 的錯排數到底有多少呢？有一些排法是物件 2 在位置 1，正好有 a_{n-2} 種，因為如此一來，我們要在剩下的 n – 2 個位置 3, 4, ..., n，擺上其餘的 n – 2 個物件 3, 4, ..., n，擺法有 a_{n-2} 種。另一方面，如果物件 2 不在位置 1，那麼我就必須將 n – 1 個物件分配到 n – 1 個位置，但物件 2 不在位置 1，物件 3 不在位置 3，物件 4 不在位置 4，……，物件 n 不在位置 n。要如此排列，方法總共有 a_{n-1} 種。所以，我們得到下面這個關係式：

$$a_n = (n-1)(a_{n-1} + a_{n-2}) \tag{33}$$

這是個遞迴方程式，將原本的問題（即 n 個物件的錯排數）關聯到相同的問題，但是針對 n – 1 個和 n – 2 個物件。從實際應用的角度出發，這個方程式應該對任意 n = 3、4、5、……都成立。遞迴的起始值當然是 $a_1 = 0$（如果只有一個物件，

就不會有錯排）以及 $a_2 = 1$（物件 1 和物件 2 的唯一錯排法就是 $(2, 1)$）。由 (33)，我們可以一步一步地算出 a_3、a_4 等數值，例如

$$a_3 = 2 \times (a_2 + a_1) = 2 \cdot (1 + 0) = 2$$

和

$$a_4 = 3 \times (a_3 + a_2) = 3 \cdot (2 + 1) = 9$$

但要如何得出 a_n 的式子呢？為此，我們將 (33) 這個關係式改寫成以下的形式：

$$a_n - na_{n-1} = -(a_{n-1} - (n-1)a_{n-2}) \tag{34}$$

再令 $a_n - na_{n-1} = d_n$，其中 $n = 2$、3、……。然後，利用 d_n，便可將 (34) 簡單地表達為

$$d_n = -d_{n-1}$$

十分令人滿意的結果。將這個關係式遞迴下去，可得

$$d_n = (-1)d_{n-1} = (-1)^2 d_{n-2} = (-1)^3 d_{n-3} = ... = (-1)^{n-2} d_2$$

把 d_n 導回 d_2。剛剛看起來威風凜凜的遞迴問題，現在不過只是自己的影子，因為從 a_1 和 a_2 可以輕鬆計算出 d_2：也就是 $d_2 = a_2 - 2 \cdot a_1 = 1 - 2 \cdot 0 = 1 = (-1)^2$，因此，

$$d_n = (-1)^{n-2} d_2 = (-1)^{n-2} (-1)^2 = (-1)^n$$

將 d_n 換成原本的 $a_n - na_{n-1}$ 之後，就得到

$$d_n = a_n - na_{n-1} = (-1)^n \quad 或是 \quad a_n = na_{n-1} + (-1)^n$$

儘管這還是個遞迴關係式，但我們的進展卻相當可觀。現在方程式的右邊只有 a_{n-1}，並非像之前一樣有 a_{n-1} 和 a_{n-2}，處理起來會簡單許多。雖然緩慢，但信心未受打擊，我們慢慢地取得了解題優勢。錯排數 a_n 除以所有 n 個物件的排列數 n!，會等於錯排占所有排列的比例，而這個比例可以寫成下面這個式子

$$a_n/n! = a_{n-1}/(n-1)! + (-1)^n/n!$$

運用遞迴關係，可直接得到：

$$a_n/n! = 1/2! - 1/3! + 1/4! - ... (-1)^n/n! \tag{35}$$

舉例來說，在 n = 5 的情形下，(35) 式的右邊等於 0.36667，在 n = 10 的情形下，則等於 0.36787946。n 越大，結果會越接近 1/e = 0.36787944。這表示錯排只占了所有排列的 37%，而我們可以假設，下次聖誕聚會時至少有一個職員會抽到自己帶來的禮物。

整數對於……而言是……

普通人：100、1000、50000

數學家：π、e、$\sqrt{2}$

電腦工程師：8、32、256

賣菜小販：99 塊、999 塊

電工：9、12、220

嘉年華社團：11、111

美國總統大選敗選者：52.9%

美國總統大選勝選者：47.2%

開車的人：911、121、106

棋手：8、16、64

情色電話接聽員：0204

17. 步步逼近原則

解題時，可以先找出一個近似解，然後在後續步驟中持續改進嗎？

樸實又簡單
長長的一天中
從右到左逼近

　　　　　　　　——電腦針對「步步逼近」這個主題創造的俳句

　　這裡描繪的啟發式思考法，是一種漸進的、但目標明確的解題法。步步逼近，或稱逐次逼近，通常與迭代（iteration）有關。iteration 這個字源自拉丁文 iterare，意思為「重複」。大部分的迭代像一種反饋。我們會把做完一次逼近或迭代後得到的結果再代進系統中，變成下一個步驟的起點，如此反覆下去，直到結果令人滿意為止。

　　逐次逼近是一般科學發展過程的標誌。我們現在用其中一個例子來熟悉這個方法。在現存最古老的文獻中，宇宙觀仍認為地球是平的。生活在兩河流域的人認為，地球是漂浮在海洋中的平面。這個宇宙觀也籠罩著古希臘思想家，從阿那克西曼德（Anaximander，大約西元前 610–545）描繪的地圖上便能得知。這並不令人驚訝，因為姑且不論地球實際的形狀，局部的地球看來真的是平的，而且三千年前的人還沒有能動搖這個觀點的觀測結果或測量值。這些都是之後才出現的。

　　亞里斯多德（西元前 384–322）已經相信地球是圓的。他觀察到地球在月食時投射到月球上的影子是圓形，不管月亮在地平線上多高的位置。只有球體才會在各方向上有圓形的影子，這也是讓亞里斯多德覺得值得思考地球曲線的原因。因此，他將地球是平的這個想法歸類到過時想法。

　　從球體的想法出發，埃拉托斯特尼（Eratosthenes，西元前 276–194）成功地

計算出地球的周長。他是數學家、歷史學家、地理學家，而且還是詩人和語言學家。簡單說，是個超級學者。

　　埃拉托斯特尼聽說在 6 月 21 日，也就是夏至這一天，正午時陽光會照亮塞尼（今天的亞斯文）城裡的一口深井，也就是直射進這口井。但在同一天，位於塞尼北方 4900 斯塔德[12] 遠的故鄉亞歷山卓城，太陽卻不是在天頂。西元前 224 年 6 月 21 日的早上，埃拉托斯特尼前往亞歷山卓著名的方尖碑，發現正午時方尖碑有影子。他從影子的長度，算出當天太陽最高點與天頂的夾角是 w = 7°。

　　從這些訊息，他得出一個簡單的結論。地球周長 U 與亞歷山卓和塞尼兩地距離 a = 4900 斯塔德之比，必定等於 360° 與 7° 之比：

$$U/a = 360°/7°$$

這表示：U = 360 · 4900/7 斯塔德 = 252,000 斯塔德，而 1 斯塔德等於 0.160 公里，所以可得到地球周長為 40,320 公里。與今日的測量值 40,041 公里相差不遠，真可說是一項傑出的成就。

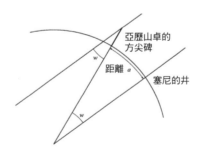

圖79：埃拉托斯特尼推算地球周長

　　地球表面不是平的，而是彎曲的，但彎曲度非常小，一直延伸到大約四萬公里才走完一圈。我們將球體的曲率，定義成直徑的倒數，便可得到地球的曲

---

12 古希臘長度單位。

率為每公里 0.000078（將 1 除以直徑，單位為公里），當然非常靠近每公里為 0 ——平坦地球的「曲率」。平坦的地球當然不會下傾，周長 40,041 公里的球體每公里只下傾 12.53 公分。從這個意義看來，地球為平的理論對於許多實際的應用，僅僅只是稍微不準確（曲率 0 對上曲率 0.000078），但對航海家和做遠途旅行的商人而言，這卻是極大的差別。

使用工具仔細觀察的話，可以發現地球為球形的假設只是一個近似值。從球面上任一點出發，經過球心到對面那點的所有距離，在完美球形上必定是等長的。但在地球卻不是這麼回事。牛頓利用數學方法，預測了地球與圓球形的差異。他得出的結論是，物體在重力的影響下還會保持球形，但若物體同時又要旋轉的話，便不會是正球形。在此情形下，就要考慮其他作用力的影響。地球兩極較扁平，赤道地區鼓起，主要的原因是地球自轉造成的離心力。這個力在赤道最強，抵消了一部分的重力。從遠處看起來，地球就像一個稍微壓扁的球。隨之而來的結果就是，地球的直徑並非全都等長；南北極之間的距離只有 12,713 公里，而赤道處的直徑卻是 12,756 公里。因此，正球形和扁球形之間，差異並不大，最大直徑與最小直徑僅相差 12756 − 12713 = 43 公里。我們把「地球扁率」定義為 (12756 − 12713)/12756 = 0.00337。

這個值和 0 之間的差異也不是很大，扁率若為 0，就是完美的正球形。但這顯然又朝向事實邁進一步，而且是由最重要的一件事情引起：地球自轉。

但這還不是最後的結論。1950 年代末，透過衛星以前所未見的精準度測量地球形狀後，我們發現，赤道以南凸起的程度比赤道以北更為明顯，因此南極比北極更靠近地球的中心。所以，地球的形狀事實上有點像西洋梨。科學家把它稱為象地體（Geoid）：在宇宙中蹣跚、呈梨形的扁球體。隨著這個更正，我們踏進了曲率每公里僅做出細微改變的更動範圍。所以我們就讓它不了了之。

以上描繪的發展，非常美妙地顯示出科學模擬的過程，以及新的理論如何從建立、到後續因為進一步了解和觀察而逐漸發展與改良。總歸來說，科學的整個發展歷程可以視為以模型逐步逼近真實狀況的過程。

葛洛姆針對模擬的口訣

別把模型和現實搞混。（口訣：別吃菜單！）

別外推到模型原先設定的範圍之外。（口訣：跳水時別跳進給非泳者的池子！）

使用模型之前，先檢查一下模型依據的假設及簡化條件。（口訣：使用前請閱讀使用說明！）

別為了符合模型而去扭曲現實。（口訣：別變成普洛克路斯忒斯[13]！）

別緊抓著過時的模型不放。（口訣：避免在死馬上加鞭！）

別以為有了一點概念，就能趕走惡魔。（口訣：侏儒妖[14]！）

別愛上自己的模型。（口訣：皮格馬利翁[15]！）

而且別忘記：呈現一隻貓最好的模型是一隻貓。盡可能用同一隻。（口訣：實物就是最好的模型！）

　　逐次逼近是一個原則上任何地方都可以使用的解題啟發思考法。第一步之後，大部分會產生一個接近我們所求狀態的粗略近似值。此近似值接著就成為下一步改進的出發點。如果之後產生的結果不如預期，可以繼續改進，直到目標狀態和已經到達的實際狀態之間的差異消除了，或是小到可以忽略。

　　所有創意寫作的形式，也可以譬喻作迭代的過程。原則上從一個粗糙的第一版本開始，在經過多次的迭代後建構內容，改良風格，直到最終版本完成。事實上，需要創意的大部分人類活動，都是以此模式進行。一筆一畫，抱持著形成樣式會到達令人滿意的希望，首先進行原始版本的工作，再循序改善。現在我們用一些例子來進一步闡釋。

三等分正方形。　　請你想盡辦法，在一個邊長為 1 的正方形中作出一個面積為

13　古希臘神話人物，海神波賽頓之子。開設黑店，攔截行人。店內設有一張鐵床，旅客投宿時，將身高者截斷，身矮者則強行拉長，使與床的長短相等。

14　Rumpelstilzchen，格林童話人物。

15　是希臘神話中賽普勒斯國王，據古羅馬詩人奧維德《變形記》中記述，皮格馬利翁為一位雕刻家，他根據自己心中理想的女性形象創作了一個象牙塑像，並愛上了他的作品（維基百科）。

1/3 的區域。

　　有個策略使用到了此章介紹的啟發思考法，就是不斷讓正方形的邊長平分，用一連串的正方形來逼近。這個策略是基於很難將正方形等分成三個面積相同的區域，但是等分成四個同面積的區域卻很簡單。首先，將原始正方形的邊長對半，等分成四個大小相同的正方形。接著，在右上角的正方形做相同的操作。然後，到右上角產生的小正方形再做一次四等分。照這個步驟持續做下去，一次又一次。

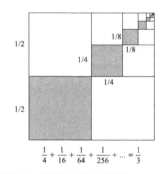

圖80：透過一步又一步的四等分，將正方形三等分

　　第一次逼近的面積為 $1/2 \cdot 1/2 = 1/4$。第二次操作產生的小正方形面積為 $1/4 \cdot 1/4 = 1/16$，所以第二次逼近等於 $1/4 + 1/16$。第三次逼近則為 $1/4 + 1/16 + 1/64$。可以換個方式寫成：

第一次逼近：$(1/4)^1$
第二次逼近：$(1/4)^1 + (1/4)^2$
第三次逼近：$(1/4)^1 + (1/4)^2 + (1/4)^3$

以此類推。一般情形下，第 k 次逼近可以寫成：

$$(1/4)^1 + (1/4)^2 + ... + (1/4)^k$$

利用我們所熟悉的公式，並做一點運算：

$$(x + x^2 + ... + x^k)(1 - x) = x + x^2 + ... + x^k - (x^2 + x^3 + ... + x^{k+1}) = x - x^{k+1}$$

應用到 $x = 1/4$，就可以得到 $[(1/4) - (1/4)^{k+1}]/[1 - (1/4)]$。

如果 k 越大，分子 s 的 $(1/4)^{k+1}$ 就越小，分數的值就越靠近

$$(1/4)/[1 - (1/4)] = (1/4)/(3/4) = 1/3$$

且 k 越大，就越靠近。

從圖 80，我們可以推出以下的不等式：

$$1/4 < 1/3 < 2/4$$
$$2/8 < 1/3 < 3/8$$
$$5/16 < 1/3 < 6/16$$
$$10/32 < 1/3 < 11/32$$
$$21/64 < 1/3 < 22/64$$

這些區間的一半長度，也就是以區間中點當成近似值時的最大近似誤差，分別是 $1/8, 1/16, 1/32, 1/64, ...$，也就是 2 的次方數 2^{-n}，$n = 3, 4, ...$。

如果允許無限多個步驟，我們就可以用此方法作出正方形的精準三等分。但如果只允許有限個步驟，我們三等分的方法只能作出一個近似值，伴隨著可大可小的近似誤差。

如果要三等分時該怎麼辦？
兩千多年前古希臘人很感興趣的三大經典作圖問題之一，就是三等分

角。這個問題是要在只使用直尺和圓規的情況下，運用有限次步驟的作圖，將一個角三等分。直到 19 世紀，數學家汪策爾（Pierre Wantzel, 1814-1848）才證明出除了一些簡單的角度之外，是不可能做到的。自此以後，凡是想要找出一個作圖策略的嘗試，便帶有不可能任務的特質。

但在數學上證明為不可能，卻不妨礙一些人宣稱自己解出了不可能的證明。許多數學系今日常常收到不請自來的文件，自稱成功以作圖法做出了三等分角、化圓為方或是倍立方。有位數學家還特地準備好一張表格，上面寫著：「非常感謝您寄來手稿。第一個錯誤在第 ＿＿ 頁。」然後讓學生填上頁數，尋找錯誤對學生而言可是有用的練習。

美國數學家達德利（Underwood Dudley）寫了一篇關於此主題的有趣文章。他在文章裡引用了一封關於三等分角的信中出現的一段話：「我的老師曾告訴我，數學家認為不可能找到此問題的解。這個問題花了我超過五十五年來思考。四十年來努力研究了 12,000 個小時，我終於解出來了。我不是數學家，只是個退休公務員，今年六十九歲。」若將一天的工作時間訂為八小時，這可是大約六年的工作量。天啊！六年的時光浪費在尋找一個不存在的東西上，就像要尋找兩個相加起來為奇數的奇數。如果送給你六年的時間，還有什麼事不能做？

如果再有自以為做出三等分角的人來怎麼辦？達德利提了一個主意，應付那些特別糾纏不休、不被說服也不被打倒的三等分角狂熱分子：讓他去找另一個也自以為做出來的人，讓他們兩人討論，就可以一下子趕跑兩個人。

金字塔比例問題。 希臘歷史學家希羅多德（大約西元前 490-425）在手稿中寫下他在旅行時，從埃及祭司身上得知的古夫金字塔的建築計畫。據說古夫的大金字塔四個側面的每一面，面積都等於金字塔高度的平方。我們就把這個資訊化成以下的問題：側面的高與底邊的一半，兩者的比例為何？

令金字塔高為 $\sqrt{x}$ 單位長，金字塔正方形底面的邊長為 2 單位長。所以，金字塔高的平方為 x 平方單位。為了讓三角形側面的面積為 x，三角形的高必須等

於 x，因為三角形的面積為底乘高除以 2。從以上這些訊息，再利用畢氏定理，我們就可以寫出：

$$x^2 = (\sqrt{x})^2 + 1$$

或是

$$x^2 = x + 1$$

這表示

$$x = 1 + 1/x$$

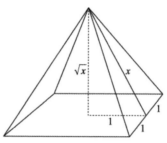

圖81：高為 $\sqrt{x}$ 的金字塔（示意圖）

未知數 x 的值是多少？我們可以透過逐次逼近法來解 x。由 x = 1 + 1/x 這個等式，我們想到可以找函數 f(x) = 1 + 1/x 圖形與角平分線 y = x 的交點。

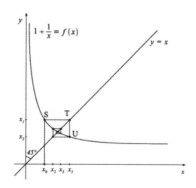

圖82：逐次逼近

下面這個表，列出了以初始值 $x_0 = 1$ 為例，所得到的初始值、函數值、函數值的函數值等等：

$x_0 = 1$	$x_1 = f(x_0)$	$x_2 = f(x_1) = f(f(x_0))$	$x_3 = f(x_2)$	$x_4 = f(x_3)$	$x_5 = f(x_4)$
$x_0 = 1$	$x_1 = 2$	$x_2 = 1.500$	$x_3 = 1.667$	$x_4 = 1.600$	$x_5 = 1.625$

從第一個近似值 x_0，畫一條通過 $x = x_0$ 且與 y 軸平行的垂直線，得到與 $f(x) = 1 + 1/x$ 圖形的交點 S。S 點的 y 坐標為 x_1；我們很容易在 x 軸上畫出 x_1，方法就是從 S 點畫出一條與 x 軸平行，且與 $y = x$ 交於 T 點的水平線，從 T 點垂直往下畫一條與 y 軸平行、與 x 軸相交的直線。現在，把 x_1 再代回函數 f（也就是迭代），得到點 $U = (x_1, f(x_1))$，我們可以用同樣的步驟，把 U 點的 y 坐標 $f(x_1) = x_2$ 畫到 x 軸上。如此就能產生一個有如蜘蛛網般的圖形，我們可以輕易地想像，持續進行這個演算模式，就會越來越逼近函數 $y = 1 + 1/x$ 與角平分線 $y = x$ 的交點 x^*。這個交點會滿足關係式 $x^* = 1 + 1/x^*$，也就是以下方程式的正數解：

$$x = 1 + 1/x$$

或是

$$x^2 = x + 1$$

也可寫成

$$x^2 - x - 1 = 0$$

這個方程式的正數解為 $x^* = (1 + \sqrt{5})/2$。數列 $x_0, x_1, x_2, ...$ 會任意趨近於 $(1 + \sqrt{5})/2 = 1.6180339...$ 這個數。

這裡出現的是一個非常有名的數。這個數稱為黃金分割（或黃金比例），以希臘字母 φ 來表示。黃金分割經常出現在自然界、科學與技術領域中。有個原因是，黃金分割也是費波那西數列 $F_0, F_1, F_2, ...$ 前後兩項之比的極限值。費波那西數列的開頭兩項是 $F_0 = 0$ 和 $F_1 = 1$，接下來的數為前面兩項的和：$F_{n+1} = F_n + F_{n-1}$。數列一開始的數字為 $0, 1, 1, 2, 3, 5, 8, 13, 21, 34, 55, 89, ...$。

逼近值：經驗法則

　　π 秒等於十億分之一世紀，即 10^{-7} 年（準確到 0.5%）。

　　1 微微微秒差距（Attoparsec）等於每秒 1 英寸（更精確些，是每秒 1.0043 英寸）。

　　12! = 479,001,600 英里，是太陽與木星的平均距離（兩者之間的距離從 459,800,000 英里到 506,800,000 英里，平均為 $4.83 \cdot 10^8$ 英里）。

　　1 英里為 $\phi = (1 + \sqrt{5})/2$ 公里，說得更精確些，就是 1.609 公里。因為 ϕ 是費波那西數列 F_n 連續兩項之比的極限值，會產生一連串的逼近：F_n 英里 = F_{n+1} 公里，例如 21 英里 = 34 公里，34 英里 = 55 公里，55 英里 = 89 公里等。

---

18. 著色原理

我們可以透過使用顏色，在問題的結構中建構出模式，然後從中汲取解題的資訊嗎？

真正的顏色並非全部在同一個區塊上。

—— schreibart.de 網站，2007 年 9 月 22 日

顏色也能讓人思考。

——佚名

歌唱比繪畫還要危險。唱錯幾個音，
馬上被批評得一無是處——
用錯幾個顏色，也許還能夠得獎。

——馬里奧・德・摩納哥（Mario del Monaco），義大利男高音

只有少數人能夠抵抗
散布於四處可見的大自然中的色彩魅力。

——歌德

德國標準化學會（DIN）第 5033 號規則中說道：「顏色為眼睛在視野中知覺到的不具結構部分，透過這種感覺，在眼睛不動的狀態，使用單眼觀察就可以區別另一個同時被看見，相鄰且同樣不具結構的部分。」

也就是說，我們可以透過對顏色的感覺，來辨別兩種不具結構、相同亮度的表面。當特定波長或是混合波長的電磁輻射落在眼睛的視網膜上，刺激特殊的感覺細胞時，便會產生對顏色的感覺。人眼可看見的波長範圍是 380 奈米（紫）到 750 奈米（紅）。

在演化過程中，許多移動特別迅速的生物，發展出能夠感應類似波長範圍的

感覺器官。有些昆蟲還可以看到一部分的短波長紫外線，這種輻射我們人類看不到，卻會導致皮膚變黑。

人類眼睛裡有三種不同的接收器，能將光線轉換成神經脈衝，傳送到大腦的視錐細胞。在大腦裡，不同的刺激訊號會解讀為不同的顏色。也就是說，顏色是在腦袋中產生的，並非萬物本身的性質；一種以電磁輻射為基礎，在本身完全無色彩的世界中自我製造出來的經驗特質。

以純物理學的角度來看，顏色就是波長範圍從 380 奈米的紫色連續變化到 750 奈米的紅色，而人類的眼睛因為有大腦的協力合作，解析度高到可以分辨出幾百萬種顏色變化。

我們看到的彩虹是什麼樣子？有幾種顏色？根據語言中描述顏色的文字，我們又可把這個色彩空間概略分為幾個子集。迷人的事在於，不同的語言，會將光譜歸類到一些非常不同的集合中。形容顏色的文字和其對應的聯想，並非舉世一致。在此我們就來比較一下德語、巴薩語（Basaa，在喀麥隆使用的一種班圖語），和紹納語（ChiShona，辛巴威的官方語言）。

這三種語言在顏色空間分類的精細程度不同。格外引人注意的是，在紹納語中，可見光波長範圍的兩端（橙、紅和紫）都以同一個字（cipswuka）來代表。

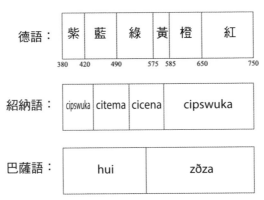

圖83：顏色空間的分類

不同語言中，代表基本顏色的詞彙量不同。基本顏色詞彙包括紅、藍、棕、灰等，不包括與其他詞彙一起構成的詞組（例如胭脂紅），或是由物體名稱延伸而來的字詞（例如祖母綠），以及在應用方面不受限制（例如專指金髮的blond）的顏色。德語中有 11 個基本顏色詞彙：黑、白、紅、綠、黃、藍、灰、橙、紫、粉紅、棕。大規模的民族語言學研究顯示，世界上幾乎所有的語言都有 2 個到 12 個描述基礎顏色的詞彙：一端是對於顏色表現覷腆的語言，另一端則是色彩解析度相當高的語言。

12 個基礎顏色詞彙：匈牙利語（2 個描述紅色的詞彙），俄語（2 個描述藍色描述詞彙）。

11 個基礎顏色詞彙：阿拉伯語、保加利亞語、德語、英語、希伯來語、日語、韓語、西班牙語、祖尼語（Zuñi）。

如果一種語言中描述基礎顏色的詞彙少於 11 個，會造成嚴重的限制，如下圖所示：

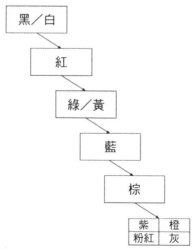

圖84：語言辨識色彩的示意圖

這個圖可以用以下方式解讀。如果一個語言有紅色這個基礎詞，那麼它也有代表黑與白的詞彙，像是蒂夫語（Tiv，奈及利亞的一種班圖語）。蒂夫語暗色的色調，像是我們語言中的綠、一些藍色調、灰色調和黑色，都是以 ii（黑）這個詞來代表。而亮色調的顏色像是明亮的藍色調、淺灰色調和白色，是以 pupu（白）來代表，溫暖的顏色像是棕色、紅色和黃色，則是以 nyian（紅）一詞表達。

如果一種語言中有描述黃色或是綠色的詞彙，那麼一定也有代表紅色、黑色和白色的詞。像是在曼德語（Mande，屬尼日－剛果語系）裡：kole「白」、teli「黑」、kpou「紅」、peine「綠」。

如果一種語言中有代表藍色的詞，那麼也有代表綠或黃、紅、黑和白，像是納瓦荷語（Navajo）：lagai「白」、lidzin「黑」、lichi「紅」、dotl'ish「藍、綠」（納瓦荷族印第安人不區分藍和綠，用同一個字代表這兩種顏色）、litso「黃」。

許多只有五個基本顏色詞彙的語言，不區分「綠」和「藍」，像是除了納瓦荷語之外，還有 Sirionó 語，一種屬於南美洲圖皮（Tupi）語系的語言，或是不區分「藍」和「黑」，像是 Martu-Wangka 語，一種澳洲原住民語言。

還有比以上的例子更複雜的。就連同一個文化圈裡，顏色詞彙的意義還會出現變化。17 世紀時，德語中的「棕色」代表的是「深紫」到「深藍」。那個時代有一首聖歌歌詞是這樣的：太陽西沉。棕色的夜晚逼近。

光譜被不同方式的歸類，從這件事實可以帶出另一個現在還無法明確回答的問題：語言上的差異是否也影響了語言使用者的認知差異。

語言，思考，現實

一個關於語言與思考之間關係的美妙例子，出現於最近的《紐約時報》上：在一家咖啡廳裡，有位穿著優雅的女士對另一人說：「謝天謝地有『瑪芬』這個詞，要不然我每天早餐都得吃蛋糕。」

大自然獲得顏色之前的白堊紀，必定很陰沉。但接下來展開了一個持續數百萬年的過程，讓顏色不僅僅變成分辨和歸類不同物體的工具，更是溝通的媒介、

偽裝工具、嚇阻手段、療法、意義載體、誘惑劑等各種用途。一段漫長的彩色化過程，1967 年 8 月 25 日在德國隨著彩色電視的引進到達了小高峰。

生命和色彩兩者密不可分。舉例而言，鳥類就是高度視覺導向的動物。雌鳥挑選可能的男伴之前，仔細地觀察這些盡可能在外表上展現自己的候選者。許多兩棲類動物為了嚇阻敵人，身穿醒目的顏色：火紅、檸檬黃或螢光綠。有些動物用亮眼的顏色散發出自己有毒的訊號。其他能夠改變身體顏色的動物，用這個方式達到溝通的作用。變色龍使用不同的顏色表達情緒，例如憤怒或恐懼。在其他動物身上，特定的顏色表示準備好要交配或是炫耀。此外，大部分的植物使用顏色裝扮自己，好吸引昆蟲來授粉，才能生存下去。

至少從三萬年前開始，人類在各種不同的用途上使用顏色。穴居人已經會用色彩繽紛的圖片裝飾自己的家，國王和皇帝以大紅大紫的袍服炫耀自己的地位。科學研究證實了，顏色多方面影響我們的思考、感覺及行為，廣告中就常使用這些效應來製造氣氛。職場上，有些老闆在辦公領域使用綠色系，因為研究指出綠色可降低因為病假造成的缺席率，因此提高生產力。醫學上，會用顏色來增進治療過程。大約在西元 1000 年，阿拉伯醫生阿維森納（Avicenna）已經發現藍光能夠降低血液循環，紅光則可以刺激血液循環。目前已經知道，色彩繽紛的藥丸的安慰劑效應，比白色藥丸來得明顯。在學校裡，顏色用來提高專注力與學習意願；在交通方面，顏色用來預防事故；在軍事上，則把顏色用於掩護。

> **隨時預備，每個地方都偽裝**
> 第一次世界大戰時，德國士兵都配發到迷彩青灰色保險套。

1980 年代，美式足球愛荷華大學鷹眼隊的教練海登・弗萊（Hayden Fry），把客隊的更衣室漆成粉紅色，因為研究顯示這個顏色可以降低攻擊性。以這個例子，我們踏進了色彩心理學的領域。就連歌德也是個風水大師。他位於威瑪的房子有許多不同的色調，為了讓不受歡迎的客人自己趕快離開，歌德將他們安排在藍色的房間裡；書房則漆成綠色，因為他認為這個可見光譜中央的顏色

為感性及和諧的代表；用餐則是在溫暖的黃色房間裡。

　　僅僅帶有狂想曲意味，針對顏色主題的典故，就在此告一個段落。我們現在要進入顏色與著色主題的數學層面，先來看一塊大小為 8×8 的方格面積，要用 2×1 的磁磚鋪滿，附帶條件是磁磚不能重疊，而且整個面積必須完全被磁磚覆蓋。下面呈現兩種可能的鋪法。

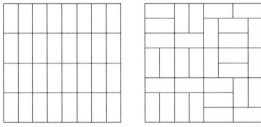

圖85：用2×1的磁磚鋪滿8×8的面積

　　物理學家費雪（M. E. Fisher）算出，一共有 $3604^2 = 12{,}988{,}816$ 種不同的鋪法，讓這 32 塊磁磚不重疊地鋪滿 8×8 的面積。

　　我們先來看奇偶原理在這個情況下的應用。這個原理可以做到什麼？什麼是做不到的，失敗的原因為何？我們是在問可能及不可能的事情。假設我們要鋪的 8×8 方格區域，右下角擺放了一個裝飾用的花盆，那麼還有可能將剩下的 63 格用磁磚鋪滿而且不會重疊嗎？

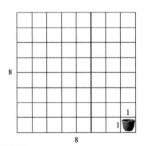

圖86：缺了一角的8×8區域鋪磚問題

答案是：不可能。理由是基本的奇偶性。不可能鋪滿磁磚的解釋如下：凡是用 2×1 磁磚鋪滿的平面，一定包含偶數個 1×1 的小方格，但是擺上花盆的 8×8 區域僅擁有 63 個 1×1 的小方格，也就是奇數。這就是奇偶原理的最佳表現。

但如果除了右下角之外，左上角也擺了花盆裝飾，情況會是什麼樣子呢？

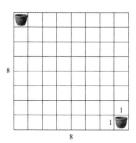

圖87：缺了兩角的8×8區域鋪磚問題

需鋪磚的區域含 62 個 1×1 小方格。奇偶性在此再加工的情況下無能為力，沒辦法完成任務。它只能夠解釋，從奇偶性的理由來看無法否認能夠成功鋪滿的可能性。但這卻不能證明一定有可能鋪滿磁磚，這個做法的局限性顯而易見。如果我們試著鋪滿這個區域，結果不管怎麼鋪都不成功，這時候我們自然想問，是否有隱藏的原因導致不可能鋪滿。

真的有個原因。使用奇偶性的手段雖然失敗，但我們可以增添一個基礎但巧妙的著色論證來輔助奇偶原理，證明不可能鋪滿。我們就要來看看這兩個原理如何互補。這是我們接下來的主題。

但到底什麼是著色論證呢？現在我們想像一下，要在 8×8 方格區域著上顏色。在這個情況下，只需要基本的黑白圖案，就像西洋棋盤一樣。

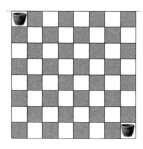

圖88：西洋棋盤圖案

重點在於以下的基本事實。第一點，兩個花盆分別站在白色棋格裡。第二點，每個 2×1 的磁磚都會覆蓋住一個黑格和一個白格，絕不可能同時覆蓋兩個黑格或白格。這兩件事看起來有點不實用，但結合起來，就可以讓情況馬上明朗。不管鋪了幾塊磁磚，黑格和白格被覆蓋的數量均相同。這等於是開啟了鎖定攻擊的目標，因為扣掉兩個被花盆占據的白格後，剩下來的 62 個小方格裡有 32 個黑格與 30 個白格，都為偶數。但是若要鋪滿 62 格，一共需要 31 塊白格與 31 個黑格（奇數）。因此，8×8 的區域扣去右下角和左上角兩格後，不可能用大小為 2×1 的磁磚來鋪滿。這是個簡單的事實。

著色技巧有效地發揮效果。一個巧妙又簡單的論證，迅速地解決了問題。幾乎像是高斯解題的精神！此外，透過簡單的方式解開複雜的題目，更能創造出卓越的數學感。棋盤圖案的中心概念就像敲在大鐘的一擊，回聲嘹亮，而且也有可能應用在其他問題上。

這是個簡單卻又不失高明的典型著色證明。幾乎回歸到事物的純粹形式。用眼睛觀察來證明出不可能鋪滿，如果沒有按照棋盤圖案來著色的話，就算使用其他工具也很難證明。所以這個方法得到的評價為：特別珍貴。著色技巧獲得明星地位。

我們現在還有一個稍微複雜些的範例。具體來說，我們要看一個 10×10 的區域是否可以用大小為 1×4 的磁磚來鋪滿。

我們一共得需要 25 塊這樣的磁磚。在這裡，替這塊區域著上顏色，也是發展理解的引擎。只不過，若是如法炮製塗成棋盤花樣的黑白兩色，再加上奇偶原理，這次並不能給我們任何線索，證明鋪磚方法是否存在。這個原則沒有辦法射中目標，就像一道沒有閃光的閃電。可能的過度反應是完全放棄著色技巧，但這樣就太倉卒了。現在正好是讓我們應用微妙的著色技巧，強碰問題的時候。如果我們現在不是用兩個，而是改用四個顏色，會變成什麼情況？就像下圖中用灰階所畫的這樣：

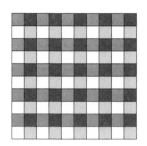

圖89：用四個灰階顏色來著色的10×10區域

為了有所進展，我們記下所鋪設的每一塊 1×4 磁磚，每塊磚覆蓋到的每種顏色格數會是偶數（也有可能為 0）。

圖90：隨意鋪設的4×1磁磚

這個想法簡單又不起眼，卻具有決定性。現在奇偶原理又要舉手發言了。從以上的基本想法馬上可推論出，用一般方法來鋪滿 10×10 方格區域的話，每個顏色的總格數都會是偶數。但把 10×10 的方格著色之後，每個顏色卻剛好有 25 格，也就是奇數格。所以，一般的鋪磚方法不可能鋪滿這個平面。著色技巧再次與奇偶原理聯手解決問題，證明了鋪磚方法不存在。

證明日常生活中的不存在性

我的同學，巴伐利亞小學的副校長，一輩子都沒有駕照，現在居然要向菲爾斯滕費爾德布魯克（Fürstenfeldbruck）稅務局證明自己沒有駕照。她一

點都不知道該怎麼辦。原因是：她的先生有輛公務車，現在要證明他的太太並沒有使用這輛車。

——施佩特（B. Späth）

根據顏色與巧妙著色法的解題技巧，經常用來證明某件事不可能。這類問題包括，要證明以下幾種情形是不可能實現的：以特定形狀的磁磚鋪滿特定的面積，用特定形狀的磚塊裝滿特定的體積，利用具有特定性質的路徑繞完特定區域，一般來說就是關於特定的排列情形。策略主要就是要引進一個著色模式，而這個模式的性質會與題目預想的排列條件不相容。我們現在再看看一個擁有啟發性的例子。

街區。 下圖為 14 座城市以及連接道路的地圖。

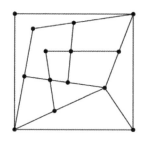

圖91：城市和街道

有沒有一條路線可把每座城市都恰好走過一次？

這裡也能透過一個著色論證，證明題目所說的這種路線不可能存在。同樣的，這取決於如何巧妙地替題目給定的結構著色。在目前的情況中，我們可將城市以黑色（s）和白色（w）來著色，而且有道路相連的兩城市要用不同的顏色。下圖顯示了我們的著色方法是可行的。

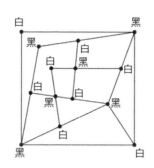

圖92：著色後的地圖

　　每一條符合條件，也就是各經過 14 座城市一次的路徑，必須滿足顏色模式 wswswswswswswsws 或是 swswswswswswswsw，各通過 7 座白色和 7 座黑色的城市。但上面的地圖中，有 6 個黑色和 8 個白色城市。因此現在我們可以馬上確定，不可能有正好通過每座城市一次的路徑。又是一個充滿魅力的論證。

　　著色技巧的另一個重要應用領域，在於決定特殊排列的數量或是推導出這些排列的性質。我們也用圖形來闡明這個應用範圍。

動物世界探險：甲蟲學。　　在 9×9 平面的每一格上，都坐著一隻甲蟲。每隻甲蟲聽到訊號後，便以對角線的方向爬到自己選擇的相鄰方格上。行動之後，有可能發生許多甲蟲坐在同一方格上、而有一些方格空著的情況。我們要找出最少會有多少個空格。

　　能夠達到目標的解法，是將 9×9 方格的每一直行交替塗上白色和灰色，並且第一行以灰色開始：

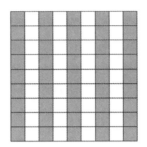

圖93：把大小為9×9的區域逐行著色

如此一來，一共產生了45個灰色和36個白色方格。甲蟲爬到對角線相鄰的格子，也就換了一個格子顏色：原本45隻在灰色方格上的甲蟲到了白色格子，另外36隻本來在白色格子上的甲蟲換成站在灰色格子上。所以在甲蟲遷移後，至少會剩下45－36＝9個空的灰色格子。這只是一個最低估計：至少有九個格子會是空的。我們必須透過一個具體的爬行指令，來示範上面計算出的空格數量真的存在。圖94畫出了這個指令，單箭頭表示爬行方向，而透過雙箭頭連結的格子，代表兩隻甲蟲互換位置。沒有畫出箭頭出發的格子，代表上面的甲蟲可爬到任意一個對角線格子上。只有黑色的格子上面沒有甲蟲。一共有九個格子。

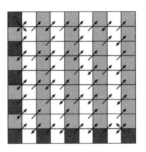

圖94：會留下黑色空位的爬行指令

我們最後的應用例子，是使用著色方法證明美麗非凡的「費馬小定理」。這個定理做出一個穩定的整除聲明：對於每個自然數 n 以及任意質數 p，$n^p － n$ 一定能被 p 整除。舉例來說，若 n＝2 及 p＝3，由這個定理可知，$2^3 － 2$ 可以被 3 整除。沒錯！在 n＝3 及 p＝5 的情形下，$3^5 － 3$ 可以被 5 整除也沒錯，因為 3^5 是

243。對我們而言，若要用傳統的方法來證明，可不是個小問題，而是個 XL 尺寸的問題。但我們現在將用顏色解決它。

這個論證是個智慧體驗，以下則是經驗報導。假設我們手上有 n 種顏色的珍珠可以使用，想要從中選出 p 顆珍珠來串成項鍊。這是背景資訊。我們先將 p 顆珍珠串成一串。因為每顆珍珠的顏色是 n 種當中的一種，根據乘法原理，這串珍珠就會有 n^p 種不同的排列法。

現在基於美感考量，我們不欣賞單色的項鍊，所以要捨棄 n 種同色的情形，於是只剩下 $n^p - n$ 種不同的排列。如果我們將珍珠串的兩端接起來，有些排列會變成相同的珍珠項鍊。舉例來說，如果以直線來看，將所有珍珠從最右邊換到最左邊，最後將兩端綁起來時，會產生相同的圓形項鍊。像這樣的相同排列，多久會出現一次？很顯然，如果我們將一顆珍珠從最右邊換 p 次換到最左邊，會出現完全一致的排列，因為所有的 p 顆珍珠都回到了原本的位置。我們必須再檢查一次是否替換較少的次數也可以達到相同的結果。假設 k 是將珍珠從右邊換到左邊，讓排列相同的最小替換次數。於是我們可以寫成：

$$p = rk + s$$

其中的 s = 0, 1, 2, ..., k – 1。透過一步步交換 p 顆珍珠的位置，可以回到原本的排列順序，rk 次也可以達到相同結果。所以，交換 s 次珍珠的位置也必須達到相同的結果。但我們剛才已經假設，k 是可達到此目標的最小自然數；故 s 必定等於 0。由此可以推斷，k 必定是 p 的因數。到這個階段，提醒自己 p 是質數非常有幫助。所以，k 的值只剩下 k = p 這個可能性，因此 r = 1。將所有考慮的結果換句話表達：對於非單色的 $n^p - n$ 種珍珠串法，各會產生 p 條相同的項鍊。所以最後一共有 $(n^p - n)/p$ 種不同的彩色項鍊。因為 $(n^p - n)/p$ 是自然數，故 $(n^p - n)$ 可以被 p 整除。這就是我們想證明的事情。

數學家再一次展現自己是熟悉美好事物的行家。一個經典美麗的整除論證，變成項鍊藝術的副產品。精妙地策劃與實行。我們再一次想起全盛時期的高斯，

然後很長一段時間什麼也不想。希望證明這個定理之後，可以解除一般人認為抽象的數學事實只能用抽象的數學來證明的偏見。

19. 隨機化原則

我們可以在問題裡引進一個隨機的機制,使問題簡化嗎?

我不相信機遇巧合的存在。
能夠在世界上獲得成功的人士,
都是那些站起來尋找機會的人。

——蕭伯納(G. B. Shaw, 1856–1950)

未必發生的事終有可能發生,
正是機率的特性。

——亞里斯多德

機遇在我們的生命裡無所不在,從生命開始到結束:哪個精子使卵子受精,讓我們誕生出來?哪種原因造成我們死亡?在出生與死亡之間,我們也必須在一個充滿各種重要或不重要的隨機現象的世界中,盡可能做出最佳的選擇。

即使手術有 5% 的風險會帶來嚴重的副作用以及永久傷害,我還是應該動手術嗎?若降雨機率是 50%,我早上出門應該帶傘嗎?應該買哪檔股票或是都不要買?我應該幹哪一行,或是做哪項職業訓練?今天晚上要去聽歌劇還是看電影?

不過,我們可不只是被偶發事件掌握,我們還能為了自己的目的運用偶然性。下面就舉幾個例子來告訴您要如何運用。

遊刃有「魚」。 假設我們想確定池塘裡面有幾條魚。決定論式的方法會是把池塘裡的所有魚抓起來,數清後再把牠們放回去。就結果而言,這是個非常費勁的方法,而且一定錯誤百出,畢竟沒有辦法保證抓到池塘裡所有的魚。

要估計不能完整計數或是難以計算的群體中的個體數量,就可以使用隨機方法,這種方法很巧妙地運用到偶然性。一個相見與再次相見的方法,作用如下:假設池塘中有 N 條魚。我們從這 N 條魚中抓了 M 條,並用某種方法做記號,例

如在牠們身上標出紅點。標記完後，再將這些魚放回池塘。經過一段時間，等所有的魚差不多隨機「洗牌」後，再抓 n 條魚出來。假設裡面有 m 條魚身上有標記。我們要如何從這樣貧乏的訊息中推估出 N 是多少？

有個看似合理的方法，是看第二次抓到的樣本中，有多少條魚身上有標記或沒有標記，來代表池塘內有標記或沒有標記的魚總數量。換句話說，我們可以寫出以下的等式：

第二次取得樣本中，有標記的魚所占的比例
= 池塘內所有的魚中，有標記的魚所占的比例

用符號表示，可以寫成：$m/n = M/N$

把式子改寫一下，就得到池塘裡魚數的估計值

$$N = n \cdot M/m$$

這個從部分數量估計其他數量的技巧，也可稱為隨機計數，有許多應用，例如用來估計人口。尼爾・麥克格尼（Neil McKeganey）在一項關於愛滋病傳染情形的研究中（1993），寫道他要估計格拉斯哥（Glasgow）地區的性工作者人數。他主要就是使用這個方法。

另一個巧妙使用隨機化的情況，是關於敏感問題的調查研究，因為直接提問可能會造成錯誤的結果。探討敏感議題的民意調查和問卷，會因為回答內容不實或是拒答，而產生偏差。

大家都在說謊。我們的數字一團糟。我們的統計數據比八卦媒體的星座運勢還不可靠。

——義大利國家統計局主任在辦公室自殺前寫下的告別信

為了防止上述的數據扭曲，華納（Warner，1965）引進了一種使用到隨機過程的方法，透過提問時採取的隨機化，即使問題關於敏感或棘手主題，也能保證個人隱私不受損害。粗略來說，這個方法是把回答內容透過隨機編碼，讓提問者不知道受訪者的答案是針對哪一個問題，不管是棘手、替代還是不敏感的普通題目。訣竅在於分析答案時，推導出回答了敏感問題的受訪者所占的比例。聽起來像個巨大的工程，但實際上卻十分簡單。

描繪一個實際情況，對於了解這個方法十分有幫助。假設 p 是一群人之中曾經酒後駕車的未知占比。訪問者給隨機選出的受訪者一個裝有三張卡片的袋子。卡片長這個樣子：

圖95：使用隨機過程的調查問卷

接著將卡片丟到袋子裡面。受訪者從袋子裡抽出一張卡片，而訪問者不知道他抽出的是哪一個問題。接著受訪者回答卡片上的問題；訪問者不知道這個回答是針對酒後開車，還是黑色三角形這個無傷大雅的問題。而受訪者知道訪問者不知道自己的回答是針對哪個問題，這樣他就沒必要說謊。令人驚訝甚至一時會覺得聳動的是，由於這種匿名的問題設計，讓訪問者在分析答案時不需要自己詮釋結果。

除了基本的想法之外，真正聰明的部分在於巧妙地分析答案及推導出答案與未知比例 p 之間的關係。我們假設，訪問者用這個方法一共訪問了3000人，其中1200人針對抽到的卡片問題回答了「是」，而答案究竟是針對三個問題的哪一個，只有受訪者知道。平均來說，三分之一的受訪者，也就是1000名受訪者，

抽到了有黑色三角形的卡片，假設他們都誠實地回答了問題。另外 1000 名抽到了沒有三角形的卡片，剩下的 1000 名抽到關於酒駕的問題。這表示從 1200 個「是」的回答中，我們可以推敲出有 1000 個答案是針對帶有三角形的卡片，所以 200 個答案是針對酒駕問題的。於是，欲求比例 p 的最佳估計值，就是 3000 名受訪者中的 200 人，也就是約有 7% 的人曾經在酒精的影響下開車。

這個獲得資訊的方法不僅僅是理論。在越戰期間，美軍領導層就曾經用這個方法調查部隊中有多少人吸毒。許多人認為吸毒的士兵比例很高，這個傳聞應該實際驗證。但若是直接提問，不能期待士兵坦白承認吸毒，畢竟吸毒是犯法的。

使用估計的啟發式方法。 現在要介紹的隨機化啟發式思考法，是根據哥白尼人本原理（簡稱為哥白尼原理）：沒有哪個觀測者在宇宙中占有特別的位置。

把這個思考方式改變一下，把自己看成從一個參考組中與任一主題相關，隨機選出來的個體。或是把這個觀點延伸到任一物件或事件：如果沒有任何資訊能夠區分一個物件或事件，那就可以假設，我們所考慮的物件或事件，與相同參考組中的所有物件或事件，之間具有典型的相對關係，參考組（根據脈絡）可以是平均大小、速度、壽命、機率等等。

這是由美國科學家哥特（J. Richard Gott）提出的，他在自己的估計理論開頭以此作為假設。雖然這個原則看起來不是很實際，但還是可以運用。

假設你知道，德國四十歲的男性平均可以再活上 37.6 年，而四十歲的女性甚至還有 42.7 年的壽命。此外你從統計數據中知道，活在前東德的男性平均壽命短 1.8 年，而已婚男性不管是住在德國東部還是西部，平均壽命都比全德男性平均壽命要長 1.4 年。你還在一篇醫學文章中讀到，如果一個人在四十歲時得了糖尿病，那麼平均壽命將會減短 8 年。

在什麼都不知道的情況下，你會如何預估一個來自德國、大約四十歲的人還能再活多久？因為你不知道這個人的性別，所以將德國所有四十歲人口當作參考組，用一般化後的哥白尼原理計算出平均壽命為 (37.6 + 42.7)/2 = 40.2 年。

如果有人告訴你這個人是來自前東德的男性，你一定會先把男性平均可以再活上的年數 37.6，扣掉 1.8，得到 35.8 年這個結果。隨後你又得知這個人結了婚，

便將他列入所有已婚、來自前東德的四十歲男性的參考組裡，將目前的估計值 35.8 上修 1.4，得到 37.2 年的結果。現在你還知道，這位先生不久前診斷出糖尿病，根據這個資訊，你會將他剩餘的預期壽命下修 8 年，最後得到 29.2 年的結果。最後得出的總預期壽命為 69 歲左右。

在第二個例子裡，我們用哥白尼原理來預測人類還能存活多久，和剛才的例子不同的是，對於全人類並沒有任何實際觀察資料。我們要如何合理預測？

首先，我們來預測所有活過、現在還活著以及仍將活著的人數 N。出生的順序，總之就照著聖經的說法，從亞當和夏娃開始編號為 1 和 2，一直到現在還沒出生的第 N 個人，我們將他編號為 n。從絕對的排序換成相對的比例，可以得出 a = n/N 為所有死去、現在活著以及尚未出生的人類中，按照時間順序排列的相對位置。在我們得知絕對位置 n 之前，根據哥白尼原理，a 隨機位於 (0, 1) 的區間之內。

現在假設，即使得知我們的出生順序 n，相對比例 a 還是隨機位於 (0, 1) 內。這個假設和我們不知道 N 的假設相同，除了 N 當然大於 n 之外。

我們可以從這些已知的事情推導出什麼？根據給定的條件，我們有 95% 的信心說，我們的相對比例落在 (0.05, 1) 區間內，簡潔地表示就是，我們有 95% 的信心確定我們屬於最後 95% 的人類。如果知道 n，就可以用 95% 的信賴水準算出 N 的界限。方法就是：如果有 95% 的信心確定 a = n/N > 0.05，那麼也有 95% 的信心說 N < 20n。一點也不驚人，不是嗎？

哲學家約翰・萊斯利（John Leslie）和其他人估計，到目前為止大約有 600 億人誕生。如果按照這個估計值，n 就等於 600 億，那麼沿用剛剛考慮的 95% 信賴水準，我們可以說總人數會少於 20 · 600 億 = 12,000 億 = 1.2 兆。

為了把這個數量估計值轉換成時間估計值，我們假設世界人口在不久後會趨於穩定，約為 100 億，而平均壽命為 80 歲。然後我們就可以估計，大約多久之後剩下的 1.14 兆（12,000 億 – 600 億）人也將會死亡：(1140/10) · 80 = 9120 年。

在現實或至少接近現實的假設中，我們可以有高達 95% 的把握說，人類在大約九千年後會絕跡。

想出這個方法的人是哥特，1969 年時他在柏林，參觀了當時興建剛滿八年的柏林圍牆。他自問，柏林圍牆還會屹立多久。不預估複雜的地緣政治事件之後的變化，從中推理答案，為什麼不利用哥白尼原理，像我們剛剛看見的，僅僅用目前存在的長短（！），加上所希望的信賴水準，來預測任一現象的未來持續時間。哥特當時，也就是在 1969 年，以 75% 的信心說柏林圍牆會在二十四年後，也就是 1993 年，不復存在。後來柏林圍牆於 1989 年倒下，哥特的一位朋友提起當初他做出的預測，於是哥特便決定發表這個預測方法。這個案例算是帶給這個方法正面的形象。就算不是如此，這個方法也會因為它的廣泛應用範圍和可信度，而深深地吸引我們。不管如何，我不知道到底是奧古斯丁（Augustinus）還是烏韋‧賽勒（Uwe Seeler）說過：「預測錯誤並非罪孽。」這個方法是我暗自鍾愛的預測方法。

再稍微提一下哥特是如何做出預測的。因為他以隨機出現觀察者的身分出現，觀察柏林圍牆的壽命，便能以 75% 的信心確定，他拜訪柏林圍牆的時間點 $t_{現在}$，落在圍牆興建後四分之一的時間之後，也就是在圍牆壽命的最後四分之三的時間裡。如果時間點 $t_{現在}$ 位於這個 75% 時間範圍的最左邊，圍牆的未來時間就會最長。

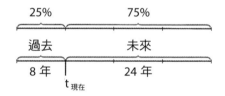

圖96：哥特的估計原則

換個方式來看，在 75% 的信心水準下，圍牆還能繼續屹立的時間最多為目前已存在的八年時間的三倍，也就是二十四年。

一項簡單，從所需訊息角度看來極為簡約的方法，瞬間觸動了美麗的思考藝術。我們也可以用這個方法探討貝多芬或珍妮佛‧羅培茲的音樂還會流行多久。

誰的音樂可能在下個千禧年還會有聽眾？

　　貝多芬在 1782 年時發表了第一部音樂作品，距今（2008 年 8 月）226 年。羅培茲在 1999 年 6 月發行了首張個人專輯。我們有 90% 的把握，確定貝多芬的音樂還有 226 · 9 年，也就是大約兩千年的生命期，而在相同的信心水準下，羅培茲的音樂還會再流行八十年左右。簡單來說：我們可以預期，羅培茲的音樂可能會隨著目前的樂迷一起銷聲匿跡，而貝多芬的音樂即使到了第四個千禧年，還是很有機會聽到。

　　在只知道過去存在時間的情況下，以這種方式推算任何現象之後的存在時間，實在令人著迷。使用哥白尼方法所需的必要條件，就只有觀察者時間點的隨機性。隨機性決定了結果的有效性。如果沒有滿足此條件，就沒有辦法有效地運用這個方法。如果你大約在一棟建築物落成後一個月時參加開幕式，就無法套用哥白尼方法的哲學，預測這棟建築物有 75% 的機率無法撐過接下來的三個月。你被邀請參加特殊活動，也就是建築物的開幕式，而在了解建築業和開幕式後，可以知道這種慶祝活動都在建築物剛完成的時期中舉行，這個時間點並非隨機分布在它的生命期中。

　　然而在下列的狀況中，可以使用哥白尼方法：有朋友從正在讀的一本書裡念了他最喜歡的一句話給你聽，而且提及他正讀到第 27 頁。你要如何估計這本書的總頁數？或是另外一種狀況：你去澳洲玩，澳洲友人邀請你參加一項運動盛事，你對這個比賽一點概念也沒有，心想到底會有多少人觀賽。你看了入場門票，發現上面的序號為 37。你要怎麼推估觀賽人數有多少？你的門票序號有 50% 的機率，是落在所售門票的後面一半。因此有 50% 的機率，最多會有 73 個人來看比賽。原因是，如果賣出了 74 或是更多張門票，那麼序號 37 的票會在所售門票的前面一半。

　　如果想更肯定，可以將信賴水準提高到 80%、90%、95% 甚至更高。如果你對 90% 感到滿意的話，就可以先考慮你的門票有 10% 的機率會落在所售門票的前十分之一，這表示 37 張或是更多張票有 10% 的機率在所有票中的前十分之一。於是，有 10% 的機率是一共賣出至少 10 · 37 = 370 張票，而相對的，有 90% 的機率是賣出不超過 370 張。

使用哥白尼原理時，建議避免考慮所有船、飛機或其他旅行方式的處女航。最好考慮一項航行過四十次都沒有發生意外的旅程，那麼它下一次也有很高的機率平安無恙地度過旅行。這個法則應該可以防止你碰到像鐵達尼號（處女航時沉沒）、興登堡號飛船（第十九次橫渡大西洋時燒毀）和挑戰者號太空梭（執行第十次任務時爆炸）的情況。

我們下一個有效運用隨機化原則的例子，有著寓教於樂的本質。使用隨機過程來還清債務的方法：

A 欠 B 一共 x 歐元，x 介於 0 到 1 之間。但 A 只有 1 歐元，而 B 沒有辦法找錢。兩人於是決定使用以下方法達到財務平衡：

步驟一：
首先確定欠的金額 x 落在 [0, 1/2] 區間內。如果不是的話，硬幣就到了另外一人手上，而這個人便欠對方 1 − x 歐元。

步驟二：
手上有硬幣的人擲銅板。如果擲出正面的話，硬幣便屬於擲銅板的人，而欠的金額也就等於還清。如果擲出反面的話，他欠的金額則會加倍，接著從步驟一重新開始。

我們現在要證明這是個公平的方法。公平的意思是指，平均說來 B 會從 A 身上得到 x 歐元。而情況也是如此。

我們的證明過程建立於靈感之上，x 寫成二進位數字。算式看起來便會是下面這個樣子：$x = x_1 2^{-1} + x_2 2^{-2} + x_3 2^{-3} + ...$，所有的 x_i 不是 0 就是 1。在第 n 次投擲時，如果之前都擲出反面，而第 n 次的結果為正面，便會決定結果。這個簡單事件的機率為 $(1/2)^n$。

現在再來研究讓 B 在第 n 次投擲之前手上擁有硬幣的條件。二進位的表示法在這裡十分有用。二進位表示法可以清楚呈現出欠債加倍和硬幣轉讓的情況。

x 加倍，相當於把二進位展開式 $0.x_1x_2x_3...$ 往左移一個單位，變成 $0.x_2x_3x_4...$，這是因為

$$2x = 2(x_1 \cdot 2^{-1} + x_2 \cdot 2^{-2} + x_3 \cdot 2^{-3} + ...) = x_1 + x_2 \cdot 2^{-1} + x_3 \cdot 2^{-2} + ...$$
$$且\ x_1 = 0$$

如果將每個數字 x_i 以相對的數 $1 - x_i$ 代替，便可以表示出硬幣轉手，或是積欠金額從 x 落在 [1/2, 1] 區間變成 1 − x 落在 [0, 1/2] 區間的情況。原因在於下面的算式：

$$1 \cdot x = 1 \cdot 2^{-1} + 1 \cdot 2^{-2} + 1 \cdot 2^{-3} + ... - x_1 \cdot 2^{-1} - x_2 \cdot 2^{-2} - x_3 \cdot 2^{-3} - ...$$
$$= (1 - x_1) \cdot 2^{-1} + (1 - x_2) \cdot 2^{-2} + (1 - x_3) \cdot 2^{-3} + ...$$

如果在第 (n − 1) 次硬幣投擲前，發生了偶數次的硬幣交換，那麼在第 (n − 1) 次硬幣投擲後，玩家 A 會擁有硬幣，而若 $x_n = 1$，並且只有在 $x_n = 1$ 的情況下，B 才會在第 n 次硬幣投擲前擁有硬幣。

如果第 (n − 1) 次投擲硬幣前，硬幣交換的次數為奇數，那麼在第 (n − 1) 次投擲硬幣後，則會是玩家 B 擁有硬幣，而如果欠債金額最開始的二進位數字 1 − x_n 等於 0 的話，也就是如果 $x_n = 1$ 的話，在第 n 次投擲硬幣後，硬幣還是會保留在他的手中。這兩種情況都符合以下這個總結：如果到目前為止投擲硬幣的結果皆為反面，且 $x_n = 1$，B 在第 n 次投擲硬幣前會擁有硬幣。

這是個十分寶貴的結果：第 n 次投擲硬幣的結果對 B 有利的機率，會等於 $(1/2)^n$ 乘以 x_n。因此，有利於 B 的結果的機率就等於 $(1/2)^1 x_1 + (1/2)^2 x_2 + (1/2)^3 x_3 +$ ... 這個和，正好是 x 的二進位表示，所以會等於 x。B 有 (1 − x) 的機率全盤皆輸，因此平均來說，B 得到的金額為 x。這就是我們希望證明的。二進位系統和其巧妙的運用決定了結果。

這個方法有時候可以用在跟隨機性或是機率無關的問題上，可以直接應用，或是適當地改變機率的觀察，然後運用已知的機率性質，例如機率不可能為負，

或是總和永遠為 1。有個典型的例子是，下面這個關於二項式係數和 2 冪次的關係式，對於所有的自然數 n 都成立：

$$B(n, 0) + B(n, 1) + ... + B(n, n) = 2^n$$

這是個絕對正確的方程式。看起來和機率一點關係也沒有。為了驗證這個方程式，我們把冪次移到等號的另一邊，寫成

$$B(n, 0) \cdot (1/2)^n + B(n, 1) \cdot (1/2)^n + ... + B(n, n) \cdot (1/2)^n = 1 \tag{37}$$

稍微改寫後帶來的優點是，我們可以把左式的被加數當成機率值。接下來就可以考慮，被加數 $B(n, k) \cdot (1/2)^n$，或是更直覺地寫成 $B(n, k) \cdot (1/2)^k \cdot (1/2)^{n-k}$，恰好就代表投擲 n 個銅板後擲出 k 個正面與 n－k 個反面的機率。為什麼會這樣？

首先，擲出反面或是正面的機率均為 1/2。投擲 n 次銅板後出現的序列，例如前面 k 次都是正面朝上，k＋1 次之後到第 n 次都是反面，也就是像

$$正、正、正、正、反、反、反、反、反、反$$

其機率值可用乘法規則來算：

$$(1/2) \cdot (1/2) \cdot (1/2) \cdot (1/2) \cdot (1/2) \cdot (1/2) \cdot (1/2) \cdot (1/2) \cdot (1/2) \cdot (1/2)$$
$$\text{k 次 (1/2)} \qquad\qquad\qquad\qquad \text{(n－k) 次 (1/2)}$$

也就是 $(1/2)^n$。

接下來就是要看，由 k 個正面和 n－k 個反面，會組合成多少種長度為 n 的序列。就像我們剛剛看到的，所有序列的機率都一樣為 $(1/2)^n$。而可組合成的序列數量，等於從 n 個可能的位置選出 k 個給正面。這樣就有 B(n, k) 種選法，因為我們之前就是這樣定義二項式係數。因此，在投擲 n 個銅板時，出現 k 次正面

和 (n – k) 次反面的機率正好是 B(n, k) · (1/2)^n。

樂透學

玩 49 選 6 樂透的人，每張彩票有 1 : B(49, 6) 的機率，也就是 1 : 13,983,816 的機率六個數字全中。為了讓我機率理論課上的學生了解這個機率到底有多小，我總是用下面的比喻：如果為了投注，走到彩券行需要十五分鐘，那麼你在這段時間內因為發生意外而喪生的機率和選中六個數字的機率相同。或是（樂透玩家的困境）：如果你在開獎前一天去投注，你在開獎時死亡的機率比選中六個數字的機率還要高。

如此一來主要工作便已完成，剩下的任務就是做出充分的解釋。(37) 左式的總和，就等於丟擲銅板的機率和，根據我們熟悉的加法規則，這會等於丟 n 個銅板時出現 0 次、1 次、2 次到 n 次正面的機率。但這包含了所有的可能性，而且各個事件互不重疊，所以這些機率之和為 1，就證明了方程式 (37) 以及最初的假設。可能的話請為自己鼓掌。

我們的下一個計畫是一種隨機過程，通常稱為機率方法。這個方法常用來證明存在性，尤其是在和隨機影響一點關係都沒有的情況下。

這個方法也具有極廣泛的應用潛力。偶爾我們會遇到一種問題，是要建構出具有某些預期性質的特定函數、結構或是一般物件。然而得出明確的結構常常十分困難，甚至完全不可能，因為這種物件可能根本不存在。

為了相信這種物件真的存在，我們可以在腦海中引進一個隨機元素。一個從宇宙中隨機選出，擁有任意正機率值的物件，具備了所要求的性質，那麼宇宙中一定有一個具備這些性質的物件。不然的話，選出此物件的機率就等於零。這是個簡單的見解，卻擁有高評價獨創性。

照這個方式，我們可以將機率考量使用來證明物件是否存在。這也是個高雅的簡單方法，常常帶來短而優雅的證明，適用在一些其他方法完全失敗或是產生一連串連鎖推論的情況。

我們現在就用分配問題來展現此方法美麗精緻的一面：

分配任務。　假設 n 個任務要分給 n 個員工，每個員工分配到一項任務。每個任務需要的時間不同，而員工處理任務的速度也不同。確切來說，員工 i 一共需要 $a_i \cdot b_i$ 的時間來處理任務 j，其中的 $a_1, ..., a_n, b_1, ..., b_n$ 為已知數。任務分配的方式有沒有可能讓處理時間不會超過 $n \cdot a^* \cdot b^*$？其中

$$a^* = (a_1 + a_2 + ... + a_n)/n$$
$$b^* = (b_1 + b_2 + ... + b_n)/n$$

分別代表 a_i 和 b_i 的平均值。

　　我們該如何著手？每一種任務分派方式，都可以用一種排列來描述，而每一種排列又可以描述成函數，這種函數會把 1 到 n 的數字集合對應到自己，但兩個不同的數字不會對應到同一個數字。像下面的安排

1	2	3	4	5
4	1	5	3	2

就是函數 f 的可能記法，呈現了數字 {1, 2, 3, 4, 5} 的排列，元素 1 分派給元素 4，元素 2 分派給元素 1 等等。我們知道，數字 1, 2, ..., n 一共有 n! 種排法，用這個題目的語言來說，就是共有 n! 種分配任務的方式。

　　現在，假設 f 是從所有排列的集合中隨機挑選出來的一種排列，集合中 n! 種排列的任何一種，機率均為 1/n!。而對應到 f 的所需總時間 G(f) 為

$$G(f) = a_{f(1)} \cdot b_1 + a_{f(2)} \cdot b_2 + ...$$

因為任務 j 在排列 f 中是分派給員工 f(j)，而他需要的處理時間為 $a_{f(j)} \cdot b_j$ 個單位時間。

那麼平均處理時間 G 是多少？為了找出來，我們必須考慮 n! 種排列 f 的各種可能處理時間 G(f)，並乘上各自的機率值，在這個情況下均為 1/n!。我們以 f_1, f_2, ..., $f_{n!}$ 來代表各種可能的排列，就可得到

$$
\begin{aligned}
G &= 1/n! \ \Sigma_i \ G(f_i) \\
&= 1/n! \ \Sigma_i \Sigma_k \ a_{f_i(k)} \cdot b_k = 1/n! \ \Sigma_k \Sigma_i \ a_{f_i(k)} \cdot b_k \\
&= 1/n! \ \Sigma_k \ b_k \ \Sigma_i \ a_{f_i(k)} = 1/n! \ \Sigma_k \ b_k \ \Sigma_m \ a_m \ (n-1)! \\
&= 1/n \ \Sigma_k \ b_k \ \Sigma_m \ a_m \\
&= n \cdot a^* \cdot b^*
\end{aligned}
\tag{38}
$$

第三行的第二步驟是因為這樣得到的：對於任意 k = 1, 2, ..., n，剛好有 (n − 1)! 種排列 f*，可把元素 k 分配給元素 m。對於所有排列而言，$a_{f^*(k)}$ 就等於 a_m。

導出 (38) 關係式，就等於完成了主要的工作，距離終點只剩下最後一小步。以機率方法的哲學概念，我們想證明，隨機分配任務給員工，在機率為正的情況下，所需的總工作時間不會超過 $n \cdot a^* \cdot b^*$。為了使用反證法這個思考工具，我們現在就假設，事件 $\{G(f) \leq n \cdot a^* \cdot b^*\}$ 的機率為零，其中 f 為隨機選擇的排列。那麼，對於一個隨機選擇的排列 f，事件 $\{G(f) > n \cdot a^* \cdot b^*\}$ 的機率就會是 1，這表示一定會發生，而且是對於每種排列 f。但如果真是如此，總工作時間 G 必定大於 $n \cdot a^* \cdot b^*$，這與關係式 (38) 產生矛盾。因此，事件 $\{G(f) \leq n \cdot a^* \cdot b^*\}$ 的機率值為正數，而且存在一個排列 f*，會滿足

$$
a_{f^*(1)} \cdot b_1 + a_{f^*(2)} \cdot b_2 + ... + a_{f^*(n)} \cdot b_n \leq n \cdot a^* \cdot b^*
$$

我們的下一個，也是最後一個例子，是關於賽事結果的一個矛盾性質，可以用類似隨機的想法來研究。

在一場錦標賽中（譬如網球錦標賽），有 n 位參賽者 T_1, ...,T_n，每個人都會

與其他人各比賽一次。而網球比賽中沒有平手這種結果。如果有 k 位選手的組別中有人打敗了這 k 位選手,我們就把這種賽事結果稱為 k 矛盾。舉例來說,如果每位選手都被另一位選手打敗過,就稱為 1 矛盾。又譬如有 n ≥ 3 選手的比賽,$T_1 \to T_2 \to T_3 \to ... \to T_n \to T_1$ 顯然是個 1 矛盾的比賽結果,其中 $T_i \to T_j$ 的寫法表示 T_j 被 T_i 打敗。這還算簡單,但 2 矛盾的比賽結果就沒那麼容易建構出來。我們用有七位參賽者的賽事來示範 2 矛盾比賽結果的例子。

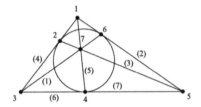

圖97:有七名選手參賽的2矛盾比賽結果

說明:每個點代表編號 1 到 7 號的選手。每條邊線都編上號碼 (1), (2), ..., (7),符號(k)就代表選手 k 擊敗了與他相連的其他三位選手,例如選手 4 擊敗了選手 3、2、1,選手 7 擊敗了選手 4、6、2。

有個問題是,對於任意有 k 位參賽選手的賽事,是否一定會有 k 矛盾的比賽結果。答案必然與 n 有關。我們可以證明,對於具備下列性質的所有自然數 n

$$n^k \cdot (1 - 1/2^k)^{n-k}/k! < 1 \tag{39}$$

都一定有 k 矛盾的比賽結果。

我們的挑戰,是要證明上面這個陳述。為了一目了然呈現結果,我們用節點來代表參賽選手,如果選手 T_i 打敗 T_j,就在節點 i 與節點 j 之間畫上連線(從 i 畫箭頭指向 j)。現在我們將隨機性帶進賽事中。我們隨機決定連接節點的箭頭方向,例如丟擲銅板來決定,這樣我們便得到了集合 $T = \{T_1, ..., T_n\}$ 中的選手之

間的隨機比賽結果。對於集合 T 的每個固定、基數 | K | = k 的子集 K，令 S 為沒有擊敗子集 K 中所有節點的節點的事件。我們現在來看某個雖然在集合 T，卻不在子集 K 的 T_1。T_1 擊敗 K 集合裡所有選手的機率是 $(1/2)^k$，而敗給 K 裡至少一位選手的機率是 $1 - (1/2)^k$。因為有 n − k 位選手不在集合 K 中，所以由乘法規則，可以算出事件 S 的機率為

$$P(S) = (1 - 1/2^k)^{n-k}$$

現在我們還要考慮，在擁有 n 個元素的集合 T 中，會有 N = B(n, k) 個基數為 k 的子集。我們以 $S_1, ..., S_N$ 表示符合上述 S 的對應事件。這些事件的機率值均相同。於是

P（比賽結果並非 k 矛盾）

$$= P(S_1 \cup S_2 \cup ... \cup S_N)$$
$$\leq P(S_1) + P(S_2) + ... + P(S_N)$$
$$= B(n, k) \cdot (1 - 1/2^k)^{n-k}$$
$$= n \cdot (n - 1) \cdot ... \cdot (n - k + 1) \cdot (1 - 1/2^k)^{n-k}/k!$$
$$< n^k \cdot (1 - 1/2^k)^{n-k}/k!$$
$$< 1$$

因此，互補事件（也就是比賽結果為 k 矛盾）的機率為正值。這讓我們看清情況。機率為正值，表示 k 矛盾的比賽結果在 (39) 的條件下是可能發生的，也就是存在的。對於給定的 k 值，n 必須夠大。對於 $k \geq 3$，必須是 $n > 4 k^2 2^k$。

　　這便是我針對隨機化原則這個主題想到的一些東西。

20. 轉換觀點原則

解題時可以從目標往起點反向進行，然後再翻轉思考方向嗎？

赫伯特的熱力學二又二分之一定律：
已經發生的事必定有可能存在。

主廚定理：可以從一個水族箱煮出一碗魚湯，
卻不可能從一碗魚湯變成一個水族箱。

如果錢用到月底還剩下好多，我到底該怎麼辦。

——塗鴉

烏姆什麼時候停靠火車？

——愛因斯坦

　　如果存在一個問題，大部分便很快地出現一個針對此問題的觀點。這個一開始獲得的角度可以洞悉問題，而洞悉問題可能變成解題方法。解題方法有可能可以帶領我們找到解答，但也有可能維持它們本身的樣子，也就是方法。如果從一個特定角度所能採用的解題方法都使用完了，這時換個角度觀察問題，以便得到新的見解與解題機會，是十分明智的。這不僅適用於數學問題或量化問題，也對所有種類的問題都有效。

　　有個吸引人的觀點轉換例子，是加拿大邏輯學家和賽局理論家拉普波特（Anatol Rapoport）所提出的化解衝突方法的核心元素。發生爭端時，拉普波特不詢問衝突雙方本身立場的描繪，而是轉換觀點，鼓勵其中一方 P 在另一方 Q 在場的情況下，描繪 Q 方的觀點，而且盡可能準確、詳細並令人信服，讓 Q 方也認為此描述正確。接著相反過來，Q 方的任務在於盡可能詳細、讓對方滿意地

描繪 P 方觀點。這個所謂的拉普波特對話，常常能夠化解造成雙方衝突的鬱積問題。

　　另一種轉換觀點的方式在於從解答出發，往起始點的方向工作，而非從起點開始往解答方向。這個以相反方向工作的原則，有時候也稱為帕普斯原則，以一個已知的或是假設的問題解答開始，分析這個解以及從中產生的條件。不像許多從問題的實際狀態出發，朝著解答，也就是目標狀態前進的啟發法，帕普斯原則工作的方向完全相反。用卡爾・瓦倫丁（Karl Valentin）的語言來表述：「終點是另一端的開始。」由基於目標的想法開始，試著在實際狀態與目標狀態之間，由後面到前面打造橋梁。

　　但這也不是什麼革命性的新玩意。在現實生活中常常出現採取倒退措施的情況。如果遇到交情不錯的人，但他的反應卻意外地冷酷，我們卻不知道原因為何，那麼顯然我們會去回想過去的會面及對談，看看是否有說過或做過什麼事情，可以解釋這位朋友當下的反應。

　　或者是像找不到鑰匙的時候，我們可以回憶過去的情況，看看能不能想起自己把鑰匙擺在哪裡或是遺失在何處。

　　警察在調查意外事故的來龍去脈或是調查犯罪案件時，也會使用這種方法。

　　對於熟悉迷宮的人來說，原則上從出口倒退走到入口走出迷宮，要比直接從入口開始，尋找前往出口的路線來得簡單。

　　一般而言，這個倒退進行的方法對於解題、最終或是目標狀態明朗或容易求出，且往前進行會到死巷子，或是問題包含一連串可逆步驟時，都十分有用。

　　倒退工作方式經常使用到邏輯推理中的「肯定前件」：事實上，倒退工作的方式常常是從目標開始，猜測一個或數個陳述，而從中可推導出目標陳述。換句話說，我們試著從後面開始往前邁進，求出到達開始狀態的中間階段，例如一個較為前面的階段邏輯上蘊涵了後面的中間階段。照此方式，我們希望邏輯上能將問題開始和目標之間的整個區域，毫無缺漏地填滿。為了說明，我們現在來看一些具有啟發性，轉換觀察角度可以幫助解題的題目。

數學吧台或是紅酒和時間。 K 先生演奏一首酒杯樂曲。一開始，n 個夠大的酒杯中有相同分量的紅酒。利用一個步驟，你可以將一個酒杯中的紅酒倒入任一個酒杯裡，前提是倒出紅酒的分量必須與另外那一杯裡已裝的紅酒分量相同。n 的值要等於多少，你才能透過一連串的步驟，將所有的紅酒倒進一個酒杯中？

為了處理這個問題，我們假設 n 為任意自然數，並且進一步假設，真的可以透過這個方法將所有紅酒裝進一個杯子裡面。我們將所有紅酒當成一個單位來看，並假設需要 m 個步驟就能到達目標狀態，m 為自然數。我們現在從第 m 步後可達到的目標狀態退一步回去，在腦海中想像第 m − 1 步後的情況。在第 m − 1 步之後，共有兩個酒杯，裡面分別有 1/2 個單位。一定是這麼回事，這一點是明確的。我們把這個狀態寫成 (1/2, 1/2) 的形式。照這個方式，第 m − k 步之後的紅酒分配就會是

$$(x/2^a, y/2^b, ..., z/2^c)$$

為了得到前一步驟，也就是第 (m − k − 1) 步之後的紅酒分配，我們首先將酒杯以任意方式編上 1 到 n 號。假設我們在第 m − k 步時將酒杯 2 的酒倒進酒杯 1，可能會出現兩種情況：

● 酒杯 2 還有剩下紅酒。這樣在第 (m − k − 1) 步之後可以得到以下的分配

$$(x/2^{a+1}, y/2^b + x/2^{a+1}, ..., z/2^c)$$

● 酒杯 2 空了。這樣在第 (m − k − 1) 步之後可以得到以下的分配

$$(x/2^{a+1}, x/2^{a+1}, ..., z/2^c)$$

因此，在兩種情況下，分母都是 2^r 的形式。這個類型的分母十分特別，在第一

步後，也就是從一開始紅酒還平均分配在所有酒杯裡時，便已存在了。因此 n 必定等於 2^r，且 r = 1, 2, 3, ...。這就是所求的答案：為了完成題目的要求，杯子的數量必定為 2 的冪次。

我們的第二個例子很有名，而且並不怎麼簡單。

三個男人，一隻猴子，但有幾顆椰子？ 馬丁 · 葛登能（Martin Gardner）曾開玩笑說，以下的椰子問題是最常被思考、也最常答錯的謎題之一。這個問題有個特別的故事。1926 年 10 月 9 日出刊的美國雙月刊《星期六晚間郵報》（*Saturday Evening Post*）裡面，有一篇由小說家威廉斯（Ben Ames Williams）寫的短篇故事。題為〈椰子〉的這篇故事，敘述一個無論如何都要阻止競爭對手簽下重要合約的建商。一個伶俐、知道競爭對手熱愛數學謎題的員工幫忙他。員工出了一道數學題給競爭對手，讓他專注到忘了合約截止日。以下是員工敘述的問題大概：「三個男人和一隻猴子因為船難，漂流到一座荒島上，第一天忙著收集椰子當作糧食。之後他們便去睡覺。等所有人都睡著了，其中一個男人醒來並想著，既然明天早上所有椰子都被分配，便決定馬上先留下自己的一份。他將椰子分成三等份。剩下來的一個椰子他分給猴子。接著他將三份的其中一份藏起來，將剩下的椰子堆成一堆。後來其他兩人也依次醒來，以同樣的方式進行，每次都將椰子分成三等份時都剩下最後由猴子獲得的一顆椰子。

「第二天早上，剩下來的椰子被男人平分，再一次等分三份後，剩下一顆椰子給猴子。當然每個人都知道有少椰子，但是每個人都同樣有罪，所以並沒有人說什麼。請問，一開始總共有幾顆椰子？」

作者威廉斯並未在故事裡透露解答，因此《星期六晚間郵報》的編輯部在故事發表後的第一個禮拜，就收到雪片般的讀者來信，要求答案。當時的總編輯喬治 · 洛里默（George Lorimer），發了一份令人難忘的電報給威廉斯：「真是活見鬼了，到底有幾顆椰子？這裡可是水深火熱啊！」

直到二十年後，威廉斯還會收到研究此問題的來信。

現在來看問題怎麼解：令 n 是一開始的椰子數量，n_1、n_2、n_3 為三位遭受船難男士晚上藏起來的椰子數量。也就是說，第 i 人留下 $2n_i$ 顆椰子。然後，令 n_4 代表隔天早上三人在分配完椰子後所剩下的椰子數量。在堅持使用反向觀點的情況下，我們可以寫出包含了四個方程式的方程組：

$$3n_4 + 1 = 2n_3$$
$$3n_3 + 1 = 2n_2$$
$$3n_2 + 1 = 2n_1$$
$$3n_1 + 1 = n$$

雷・查爾斯 (Ray Charles) 的方程組：

上帝是愛。

愛是盲（目）的。

雷・查爾斯是盲的。

雷・查爾斯是上帝。

——卡斯楚普－勞克塞爾（Castrop-Rauxel）公園長椅上的塗鴉

從這些方程式，可以推導出最後每人剩下的椰子數量，也就是 n_4 以及椰子總數 n 之間的關係。為此，我們將方程式稍加變化，寫成

$$3(n_4 + 1) = 2(n_3 + 1)$$
$$3(n_3 + 1) = 2(n_2 + 1)$$
$$3(n_2 + 1) = 2(n_1 + 1)$$
$$3(n_1 + 1) = n + 2$$

或是

$$(3/2) \cdot (n_4 + 1) = n_3 + 1$$

$$(3/2) \cdot (n_3 + 1) = n_2 + 1$$
$$(3/2) \cdot (n_2 + 1) = n_1 + 1$$
$$3 \cdot (n_1 + 1) = n + 2$$

由此可馬上得出

$$n + 2 = 3(n_1 + 1) = 3 \cdot (3/2) \cdot (n_2 + 1) = 3 \cdot (3/2) \cdot (3/2) \cdot (n_3 + 1)$$
$$= 3 \cdot (3/2) \cdot (3/2) \cdot (3/2) \cdot (n_4 + 1) = 3^4/2^3 \cdot (n_4 + 1) \tag{40}$$

我們可以從這裡開始著手。現在還需要考慮的，就只有整除這件事了。要記住 n 和 n_4 為正整數，而且在分母的 2^3 必須整除 $(n_4 + 1)$，因為方程式 (40) 的左邊也是整數，且 3^4 和 2^3 沒有公因數。關於整數的考慮就是這些；有了這些考量，一切就很清楚，問題也可迎刃而解。如果 $2^3 = (n_4 + 1)$，便可得出最小的 n_4 以及最小的 n，也就是 $n_4 = 7$ 以及 $n = 3^4 - 2 = 79$。數字比這再大一點的解，則是讓 $2 \cdot 2^3 = (n_4 + 1)$，這樣就可得出 $n_4 = 15$，$n = 2 \cdot 3^4 - 2 = 160$。若 $k \cdot 2^3 = (n_4 + 1)$，會得到一般解 $n_4 = k \cdot 2^3 - 1$ 以及椰子總數 $n = k \cdot 3^4 - 2$。

椰子問題及其變形，在許多文化中都流傳很長一段時間。古代中國以及印度的文獻裡，就出現過一個相似的版本。早在西元前 100 年，中國文獻裡便已提及。甚至在西元前 500 年，就連著有《孫子兵法》的孫子也自問過，有沒有哪個數字被 3, 5, 7 除之後會餘 2, 3, 2。歷史註解就點到為止，不再細述了。

最後要舉的這個例子，可以展現轉換觀點原則如何把複雜的問題化成小問題。

團體照的數學。 身高不同的 n 個人站成一排拍團體照。攝影師建議，基於美學考量從左排到右，讓每個人若不是比站在他左邊的所有人高，就是比這些人矮。n 個人排成一排，總共有幾種排法？

為了熟悉這個問題，我們先來看三個人的情況，為了簡單起見，將他們取名為大、中、小。這麼一來，共有四種排法符合攝影師的建議：大中小、小中大、中大小、中小大。

一般情況下又會如何呢？如果我們很規矩地直接解題，它就會像是個非常複雜的計數問題。但如果從後往前想，計數起來就變得出奇簡單。在符合條件的排法中，站在最右邊的人必須是所有 n 個人裡最矮或最高的。而他左邊的人，必須是其餘的人當中最高或最矮的人。除了最左邊的位置之外，每個位置都有兩種站法。這麼一來，總共有 2^{n-1} 種符合攝影師建議的排法。

21. 模組化原則

解題時可以將問題分解成許多子問題，解決之後再將這些部分解合併成完整的解？

如果人事代表會只有一個人的話，
以性別分類的規定便無效。

——黑森邦人事代表組織法

愚公移山。

——中國諺語

　　模組化原則的基礎為「分而治之」這個中心思想。這句名言可回溯到凱撒大帝，「分而治之」的策略隨著他所征服的帝國得到驗證。凱撒善用高盧分裂成眾多部族的情況，且不同部族之間意見不合，導致他們無法結為一體對抗羅馬軍隊。羅馬軍隊面臨的不是一支高盧大軍，而是一個個較小、較簡單的子問題：對抗個別的高盧部族。

　　「分而治之」是針對超級複雜問題的普適方法哲學。對於整體看來無法輕易解決的問題，我們可以換個方向思考，將它們分解成較小、較簡單、盡可能互相獨立的子問題，單獨擊破，然後再將子問題的解組合成完整的解。換句話說，就是要盡可能將問題打碎到原子結構，再把各個元件的部分解，重組成總體的解。如果子問題還是太複雜的話，可以再度運用這個過程（遞迴原理！），直到遇到能解的子問題，最後像拼圖般把子問題的解組合成原問題的解。

　　像這樣把問題分解成各個模組，最後再把所有的部分解重組起來，是計算機科學最重要的啟發式方法之一。

　　子問題在一般情況下會越變越簡單。但在複雜的分解策略時，就需要仔細管理子問題及其解的階層。

　　這就好比我們要替一本含有章節、子章節、段落和子段落等結構的厚書，做

出目錄。

　　模組化演算法的典型例子，就是二元搜尋。假設 A 從 1 到 16 任意選出一個整數，而 B 要藉著問問題來猜是哪個數字，所以 A 必須老實回答。有個天真的策略稱為線性搜尋，由以下的問題開始：

是 1 嗎？不是！
是 2 嗎？不是！
是 3 嗎？不是！
以此類推。

　　照這種方式進行下去，平均起來需要問八個問題才能猜到，幸運的話可能比較快就可以猜中，倒楣的話則需要問更多問題。

　　比較聰明的策略是將可能的答案集合切一半。第一個問題可以這麼問：

這個數大於 8 嗎？

如果是，下一個問題也許能問：

這個數大於 12 嗎？

如果第一個問題的答案為否，就可以改問

這個數大於 4 嗎？

照這樣繼續問下去。從下面這個一目了然的搜尋樹可以發現，最多只需要四個問題就可以找到正確的數字。

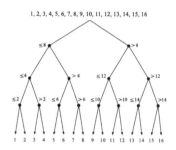

圖98：二元搜尋樹

現在我們就用兩個題目來結束這一章，這兩道題目可說是充分發揮了模組化原則。

西洋棋騎士。 棋盤上最多能放幾個無法互吃的騎士？

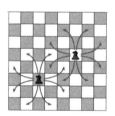

圖99：兩個無法互吃的騎士

如果我們在所有的黑格上各擺一個騎士，任兩個都無法互吃，因為騎士只能吃所在棋格的另一個顏色，在此情況下就是白格。這樣一來，我們便有了 32 個無法互吃的騎士，而且可以說，按題意所找的騎士數量最少為 32。

現在我們要用第二步，證明 32 這個數量沒有辦法被超過。這可以用簡單的模組化策略來求解。我們將棋盤分成 8 個 2x4 大小的長方形：

擺在此長方形任意一格的騎士，只能吃掉其中一格上的棋子並占據這個位置。

因此在這個長方形中，最多可以擺上 4 個無法互吃的騎士。

　　因為棋盤上一共有 8 個這樣的長方形，所以 4 · 8 = 32 便是滿足題目條件，最多可同時擺在棋盤上，卻無法互吃的騎士數量。

硬幣和序列。　　平均要丟幾次硬幣，才可以剛好擲出奇數次正面，之後再擲出一次反面的序列（例如正反或是正正正反）？

　　在這裡，模組化要用在連續擲銅板的層面上。我們將所有丟擲結果的集合，分成三個互不重疊的子集合。具體來說，我們就是在執行模組化原則，以便分別討論以下三種情況：

　　a. 先擲出反面的結果
　　b. 先擲出兩次正面的結果
　　c. 先擲出正面，緊接著擲出反面的結果

只要連續丟硬幣超過一次，結果一定是情況 a、b、c 的其中之一。假設 m 是要找的答案，也就是要擲出正反、正正正反、正正正正正反等任一序列的平均投擲次數。如果我們先丟出一個反面（情況 a），對丟擲序列一點幫助也沒有，仍舊需要平均再丟擲 m 次硬幣，才能完成目標；如果連續丟出兩次正面（情況 b），也是同樣的情況。如果是情況 c，就已經完成目標了。知道這件事是我們的力量。再簡單加上機率的考量，就可以寫出這個方程式

$$m = 1/2 \cdot (1 + m) + 1/4 \cdot (2 + m) + 1/4 \cdot 2$$

加權數 1/2、1/4 和 1/4 分別是「先丟出反面」、「先丟出兩次正面」和「先丟出正面再丟出反面」的機率。這個方程式唯一的解為 m = 6。

　　透過模組化原則，迅速地找出解答。很高興看到問題在反掌之間輕鬆解決。

22. 蠻力原則（窮舉法）

我可以透過試遍所有可能的解法來解題嗎？

把人從水壩上丟下去，並不是解散集會的恰當方法。

——出自奧地利法學期刊

身力有限，智慧無窮。

——成吉思汗，蒙古統帥（約 1155-1227）

早在《印度愛經》裡就提到了書信加密的技藝；它屬於女人應該熟悉，並且練習的六十四種技藝之一。在愛情和戰爭時期，這種技術是必不可少的。在戰爭方面：第二次世界大戰期間，德軍為了進行保密通訊，打造了著名的、當時視為萬無一失的奇謎（Enigma）密碼機。這台機器既可加密也可解密。奇謎機外表和打字機十分相似。

在密碼機的內部有三個旋轉盤，和一個上面有許多插孔的接線板。為了解讀總司令的密文訊息，每個部隊單位都有一台奇謎機。使用奇謎機時，需要一組鑰匙。鑰匙指的是一組字母排列，可確定機器中編碼旋轉盤和插孔該如何調整位置，才能正確加密或是破解訊息。基於安全考量，軍方每天都會更換鑰匙。

圖100：「奇謎」密碼機

原則上，使用鑰匙的每種編碼方法，都可以透過一個個嘗試所有可能的鑰匙來破解。這是蠻力法的最佳例子，這種方法的基本精神就是要試遍所有可能的解法（即窮舉法）。

奇謎機的鑰匙空間（也就是所有可能鑰匙的總數）極大。我們可以從奇謎機的運作原理，求出鑰匙究竟有多少種。原則上，每個鑰匙都會將明文的字母 k_i 譯成密文字母 g_i。套用數學的語言，意思就是字母 A B C D……Z 的一種排列。

當時波蘭情報局成功取得了一台奇謎機。他們重建了密碼機，並且分析了每一個操作細節。在這一基礎上，波蘭數學家雷耶夫斯基（Marian Rejewski）得以建構出所謂的奇謎方程式，描述密碼機上出現的字母交換邏輯（即排列）。這個方程式在之後也成為破解奇謎機密碼的關鍵先決條件。如果我們用符號「。」代表先後做兩個排列（S。T 表示先做排列 T，然後再做排列 S），那麼奇謎方程式就寫成：

$$g_i = (T^{-1} \circ S^{-1} \circ U \circ S \circ T) (k_i)$$

這個方程式說明了明文字母 k_i 和對應密文字母 g_i 之間的關係，這完全取決於奇謎機裡執行字母交換的加密元素。加密元素包括：接線板產生的固定排列 T，從三個旋轉盤產生的排列 S，以及由固定反射器產生的排列 U。通過機器的電流在流經反射器後，會反方向再通過旋轉盤一次，最後再經過接線板。這就是奇謎方程式裡的兩個逆排列 S^{-1} 和 T^{-1} 的由來。

使用奇謎機來加密時，方法就是在奇謎機的鍵盤上按下一個字母，這時顯示燈板上的一個燈會亮起，顯示對應的密文字母。按下的字母和顯示的字母之間的對應關係，要看密碼機的設定：具體來說，就是哪個旋轉盤如何排列，旋轉盤以及旋轉盤外表環的相對位置，還有字母在接線板上如何相互連接。以下是當代歷史中對密碼機操作方法的描述：「每一個以羅馬數字 I、II、III、IV 和 V 標記的旋轉盤，都有一個內部的配線方式，分別負責 26 個字母的排列。其中三個旋轉盤以特定順序相互連接，裝置在密碼機最上方，位於定子和反射器中間。定子和

反射器為兩個固定的部分，不像固定在它們之間的旋轉盤，每按一次按鍵便旋轉一次。運作方式就像里程器一樣。右邊的旋轉盤每按一次按鍵便走一步，而中間的旋轉盤只有在右邊旋轉盤走完一圈後才走一步。也就是說，在旋轉盤最外圈的凹槽在某個地方觸動相對的機械部位時，才會旋轉。此外，每個旋轉盤外圈上印有字母或數字，也能夠與旋轉盤做出相對的旋轉。」[16]

奇謎機由一組旋轉盤組成，包括五個可旋轉的轉盤，從中選出三個排在左邊、中間和右邊，兩個是靜態的反射器（A 和 B），而其中一個用來編碼。五個旋轉盤都可以裝在左邊，其餘四個可以放到中間，而最後剩下的三個可裝到右邊。這麼一來，就有 5 · 4 · 3 = 60 種選擇與排列旋轉盤的可能方法。至於反射器的選法，當然只有 2 個。因此，總共有 60 · 2 = 120 種旋轉盤的裝置方法。但這只是開始。

可轉動的旋轉盤在外圈有個金屬環，決定旋轉盤內部配線與轉移給下個旋轉盤字母之間的移動。每個字母環有 26 種位置，在三個旋轉盤上一共有 26 · 26 · 26 種不同的字母環位置。要記住的是，左邊轉盤上的字母環位置，不影響編碼，它的轉接凹槽不會影響到更左邊旋轉盤的轉動，因為它的左邊並沒有其他旋轉盤。所以字母環位置真正的複雜度為 26 · 26 = 676 種位置。在它們配線後，三個旋轉盤的每一個都可以轉到 26 種基本位置的其中一種。所以，密碼機裡旋轉盤的可能位置共有 26 · 26 · 26 = 17,576 種。

以數學的角度看來，接線板也是一種排列。它在整個編碼過程中保持不變。接線板的作用是將一對字母用線互相連結，交換其位置，如果字母之間沒有線路，位置便不會交換。標準的奇謎機可以連結 10 對字母。接線板使編碼的複雜度擴大了多少，有多少可能的字母由此產生？第一對接線一共有 26 個字母可選擇，它需要選出兩個不同的字母相互連結。以二項式係數來表示，第一條接線一共有 B(26, 2) 種連接法。第二條接線還有 24 個字母可選，也是選出兩個，也就是有 B(24, 2) 種方法。因此，十條接線一共有

16　見 Seeger, Th. (2002): Wie die Enigma während des Zweiten Weltkrieges geknackt wurde。這是 2002 年 6 月 5 日在帕德博恩（Paderborn）大學專題演講的講稿。

$$B(26, 2) \cdot B(24, 2) \cdot \ldots \cdot B(8, 2)/10! = 26!/(2^{10} \cdot 10! \cdot 6!)$$
$$= 150{,}738{,}274{,}937{,}250$$

種連結方式。

按了鍵盤上的一個鍵，也就是按了明文中要被加密的字母之後，電流便會經過接線板，到可替換的旋轉盤上。電流抵達反射器後會被送回，再經過可替換的旋轉盤，重新回到接線板上。最後顯示燈板上的一個燈泡亮起。亮起的燈泡會顯示一個字母 g_i，這就是明文字母 k_i 的編碼。

圖 101 為旋轉盤和接線板在替字母編碼時的示意圖。

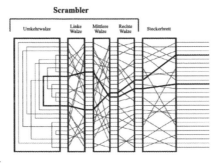

圖101：奇謎機中的字母編碼

每天按照特定系統來改變的鑰匙，會在編碼前從密碼本中取得。密碼本會有以下訊息：

日	反射器	旋轉盤位置	字母環位置	接線方式
5	A	II III V	7 18 06	AH BL CX DI ER FK GU NP OQ TY

這是當月第五天的例子。這一天必須選反射器 A。從可替換的旋轉盤中，旋轉盤 II 在最左邊作為較慢的轉子，旋轉盤 III 在中間，旋轉盤 V 則在右邊作為較

快的轉子。三個旋轉盤上的字母環，從左到右的位置則是 7、18 和 6。此外，字母 A 和 H、B 和 L 等一直到 T 和 Y，必須以接線相互連接。剩下的六個字母則沒有與其他字母相連。

奇謎機在密碼學上有其優缺點。它的優點主要來自可旋轉的旋轉盤組。旋轉盤的旋轉讓要加密的每個字母重新用新的字母編碼，這稱為多碼加密法。以這個方法，傳統加密法中容易透露出密碼的字母頻率，就變得無法辨認，而讓傳統的破解術，像是精密的統計資料分析，也徒勞無功。

奇謎機還有一個長處是鑰匙空間的大小。它的可能範圍，就等於之前算出的 120 種旋轉盤位置，676 種字母環位置，17,576 種基本位置和 150,738,274,937,250 種接線法，全部相乘之後的結果：

$$120 \cdot 676 \cdot 17,576 \cdot 150,738,274,937,250 =$$
$$214,917,374,654,501,238,720,000$$

這大約等於 $2 \cdot 10^{23}$，也就是 2000 垓（垓 $= 10^{20}$），組合學裡的宇宙。

解密專家的任務就是要在這麼多可能的鑰匙中找出當天使用了哪個鑰匙。原則上是有可能一個一個試，希望在可預見的未來找到正確的鑰匙。但如果這是解密人員的策略，那他的成功機會渺茫。如果每秒可以成功檢查一組鑰匙（別忘記當時是人工智慧的原始時代），靠這種蠻力法得花上七千兆年，才能試完所有 $2 \cdot 10^{23}$ 種可能性。毫無希望可言。必須想出更好的辦法。

1940 年夏天前後發生的事情。 戰爭期間，英國在倫敦近郊的布萊切利園，設立了一個解密部門，任務是破解德軍的通訊。這個部門一度擁有超過一萬名工作人員。其中之一便是天才數學家圖靈（Alan Turing），他在戰爭爆發後離開劍橋大學的教職，投身破解密碼的工作。圖靈是專門解決疑難雜症的典型數學家，他的任務只是要替代號為 Ultra 的計畫，建立一個對抗奇謎機的前線。事實上，他最後終於成功破解奇謎機，也讓英國軍方大約在 1940 年夏末成功使用「圖靈炸

彈」———一個電子機械，由圖靈想出的解密機器，能夠在之後的戰事中幾乎持續破解了奇謎機。

圖102：圖靈炸彈

「圖靈炸彈」的根據，是他猜測到加密後的密文中可能會有某個字，解密專家把它稱作對照文（crib）。基本概念是：基於奇謎機的內部運作原理（即旋轉盤配線和可能的相對位置），攔截到的密文和對照文之間的關聯，有可能在特定條件以及相較於總鑰匙空間來說相當少的鑰匙數量之下是吻合的；關於奇謎機的內部運作原理，是得自早先波蘭解密人員的研究成果，並且已寫成奇謎方程式。

雖然奇謎機長久以來被認為是極具保密性的機器，但經過仔細研究編碼上的弱點，圖靈在 1940 上半年成功破解奇謎機。根據這些想法而建立的第一台圖靈炸彈原型，在 1940 年 5 月 14 日送到布萊切利園。但它的解密速度比預期的慢了許多。所以在這之後便如火如荼地開始技術方面的改良。1940 年 8 月 8 日，一個全新、改良後的版本送到了。這個版本能夠在大約一小時後解出德軍當天使用的鑰匙。

英國軍方靠著「圖靈炸彈」，取得了對於軍事戰術領域極為重要的訊息。而成功破解密碼，也順利滲透德國幾乎所有階層的通訊，包括從外交、情報單位、警方到黨衛軍。特別是能夠得到德國統治階層計畫的珍貴資訊。德軍領導階層認

為奇謎機滴水不漏，因此盟軍認為，比起經由偵察、間諜活動及叛國而取得的情報，破解奇謎機所獲得的情報更加真實。

就其中一個例子來說吧。在 1940 年，英國皇家空軍派出最後剩下的軍隊，希望能打贏「不列顛空戰」。戰爭前破譯了德軍的無線電訊息，尤其是德國空軍詳細的攻擊計畫和隊形，是極寶貴和重要的關鍵。如果沒有這些情報，英國這場空戰可能會吃上敗仗，而希特勒德國入侵英國的「海獅計畫」，極有可能獲得成功，戰爭也就因為希特勒的勝利而提早結束。因為在這個時候，美國和前蘇聯尚未加入戰爭。

再補充一下這個解密任務的數量，以及它的意義有多麼重大：光是在 1943 年，平均每天就有超過 2,500 則、每個月總共超過 80,000 條德方訊息被破解。

成功破解奇謎機，為盟軍取得非凡的戰略優勢，正是盟軍最高統帥艾森豪將軍所稱的勝利「關鍵」。就連英國首相邱吉爾也發表過類似的言論：「贏得戰爭都是 Ultra 的功勞。」

圖靈是如何成功破解奇謎機密碼的呢？

一個突破性的見解，在於把接線板和旋轉盤的布局分開來看，將整個解密問題以這種方式拆成兩個子問題（分而治之！）。相對而言數量較少的旋轉盤布局法（120 · 17,576 = 2,109,120），可以和接線板的配置（共有 150,738,274,937,250 種）分開處理，大大減少搜尋過程的複雜度。大小為 2,109,120 的鑰匙空間，已經小到可以透過機械的幫助，使用蠻力法一個一個嘗試。

究竟奇謎機的編碼弱點在哪裡？其中一點是，我們立刻可發現奇謎機會自我互換，意思就是，如果在某個位置將 X 譯成 U，那麼也會在同個位置將 U 譯成 X。如果將兩個部分分開來看，這一點也可以在接線板上觀察到。稍微思考一下，也可以發現另外一件事：因為反射器的緣故，沒有一個字母會譯成它自己。圖靈的破解方法就在利用這些弱點，再加上巧妙應用可能出現的對照文。就這樣，圖靈發現德軍每天早上六點過後會定期發送氣象報告。在這段時間攔截到的無線電訊息，含有天氣 Wetter 這個字的機率非常高，大部分是以 WETTERNULLSECHS（天氣零六）這個形式出現。

圖靈還發現，對照文可以用來準確找出把對照文加密的奇謎機鑰匙。因此，

如果解密人員眼前有加密的文字，那麼他就可以利用奇謎機的特點，輕易找出哪些位置找不到對照文（轉換觀點原則！）。這便是突破點。

所以，只需要檢查對照文所有可能出現的地方，有沒有哪個字母譯成它自己，這正是奇謎機不可能有的設定方式。將對照文寫在密文的不同位置，檢查是否有至少一個位置出現上面提到字母相同的情況。我們就以 OBERKOMMANDODERWEHRMACHT 這個字母串為例。

```
    BHNCXSEQKOBIIODWFBTZGCYBHQQJEWOYNBDXHQBALHTSSDPWGW
 1  OBERKOMMANDODERWEHRMACHT
 2  OBERKOMMANDODERWEHRMACHT
 3  OBERKOMMANDODERWEHRMACHT
 4  OBERKOMMANDODERWEHRMACHT
 5  OBERKOMMANDODERWEHRMACHT
 6  OBERKOMMANDODERWEHRMACHT
 7  OBERKOMMANDODERWEHRMACHT
 8  OBERKOMMANDODERWEHRMACHT
 9  OBERKOMMANDODERWEHRMACHT
10  OBERKOMMANDODERWEHRMACHT
11  OBERKOMMANDODERWEHRMACHT
12  OBERKOMMANDODERWEHRMACHT
13  OBERKOMMANDODERWEHRMACHT
14  OBERKOMMANDODERWEHRMACHT
15  OBERKOMMANDODERWEHRMACHT
16  OBERKOMMANDODERWEHRMACHT
17  OBERKOMMANDODERWEHRMACHT
18  OBERKOMMANDODERWEHRMACHT
19  OBERKOMMANDODERWEHRMACHT
20  OBERKOMMANDODERWEHRMACHT
21  OBERKOMMANDODERWEHRMACHT
22  OBERKOMMANDODERWEHRMACHT
23  OBERKOMMANDODERWEHRMACHT
24  OBERKOMMANDODERWEHRMACHT
25  OBERKOMMANDODERWEHRMACHT
26  OBERKOMMANDODERWEHRMACHT
27  OBERKOMMANDODERWEHRMACHT
    BHNCXSEQKOBIIODWFBTZGCYBHQQJEWOYNBDXHQBALHTSSDPWGW
```

圖103：對照文的應用方法

字母的衝突，也就是排列中的每個不動點，都可以透過反證法來確定對應設定不可能是鑰匙。

為了示範如何使用解密的對照文，我們用戈登・魏奇曼（Gordon Welchman）在《六號屋的故事：破解奇謎機密碼》（*The Hut Six Story: Breaking the Enigma Codes*）書中所舉的例子來討論。書中使用的對照文為 TOTHEPRESIDENTOFTHEUNITEDSTATES（致美國總統）。

加密後的文字則是：CQNZPVLILPEUIKTEDCGLOVWVGTUFLNZ。

第一步，將字母分別寫成上下兩排

1	2	3	4	5	6	7	8	9	10	11	12	13	14	15	16
T	O	T	H	E	P	R	E	S	I	D	E	N	T	O	F

| C | Q | N | Z | P | V | L | I | L | P | E | U | I | K | T | E |

17	18	19	20	21	22	23	24	25	26	27	28	29	30	31
T	H	E	U	N	I	T	E	D	S	T	A	T	E	S
D	C	G	L	O	V	W	V	G	T	U	F	L	N	Z

我們現在要找出迴圈——經過許多加密步驟之後會對應到它自己。上面的列表中，可以找到的迴圈包括：在位置10「I」編碼成「P」，在位置6「P」編成「V」，最後在位置22的「V」再度對應到「I」。透過這一步，我們利用了奇謎機的自我互換，「I」編成「V」，但「V」必定又會對應到「I」。這就是 I → P → V → I 迴圈。於是，把三個如此設定的奇謎機連接起來，就可以讓「I」編成它自己。其他的迴圈，像是位置3、21、15出現的 T → N → O → T，還有位置5、10、8出現的 E → P → I → E。這類型的迴圈正是「圖靈解碼炸彈」運作的關鍵，而且這種迴圈越多越好。

第一次的觀察中，我們是在未考慮接線板的情況下，研究奇謎機的解密，而在前面我們已經知道，無論字母環的設定為何，接線板都會將10對字母交換（模組化原則！）。

為此，我們回過頭看位置10、6和22上的第一個迴圈 I → P → V → I。我們想找出哪五個旋轉盤在哪種起始位置會造成上面情況。我們使用三個編碼機（一組三個的奇謎機旋轉盤），從迴圈的位置推演出起始位置。我們為第一個編碼機選出任一起始位置，把其輸出端連結到下一台編碼機的輸入端，而這台的起始位置比起第一台編碼機，剛好早四個步驟。第二台編碼機的輸出則和第三台相連，第三台編碼機比第一台提早十二個步驟。這就是三個前後相連的奇謎機編碼。它僅僅表示：如果找到正確的旋轉盤，且其開始設定正確，那麼電流在流經第一台編碼機輸入為「I」後，通過三台前後相連的編碼機電路後，也會從「I」的位置離開。如果我們輸入「I」後卻得到別的字母，就和對照文不符，這時我們就必

須嘗試下一個旋轉盤的設定位置，重複上述步驟。

按照上述方式，可以嘗試旋轉盤所有 26．26．26 種可能的位置，檢查「I」經過三個編碼機時以何種方式編碼。如果加密結果為 I，那麼就找到了一種可能的旋轉盤位置。對於單獨一個迴圈，通常會有超過一種符合條件的旋轉盤設定，因此在實際操作時，會從對照文中找出多個迴圈，將它們輸進圖靈炸彈中。

上述的討論情形都沒有把接線板列入考慮。如果奇謎機沒有接線板的話，那麼我們剛剛的行動便已經破解它了。那麼接線板對於情況又有什麼影響？我們必須在分析中考慮到，輸入的「I」在經過旋轉盤之前和之後，都會經過接線板。我們先假設字母 I 連接到字母 Z。這表示什麼？我們之前的三個編碼機，僅模擬出奇謎機旋轉盤的編碼。因此，我們必須在第一個編碼機上輸入「Z」，因為接線板會將「I」和「Z」互換。這表示字母「Z」抵達了旋轉盤。旋轉盤加密後，我們又得到一個「Z」，接線板再將它變成「I」。

可以看到，我們必須從中辨認出旋轉盤正確的設定，因為它必須得出輸入時相同的字母。

這項發現要如何應用在接線板上呢？我們製造一個反饋，將每個透過三個編碼機加密後得到的字母再次輸入編碼機。假設我們處理三個以字母「Z」開始的迴圈。正確設定好旋轉盤位置，並把「I」與「Z」相互連接之後，我們必定會得到字母「Z」。如果旋轉盤位置設定錯誤，則會得到三個不同的字母。我們將三個字母再次輸入編碼機，並得到其他的字母。將這個動作重複到輸出的字母均相同。這就是旋轉盤位置設定錯誤時的情況。

如果旋轉盤位置的設定正確，會發生什麼事？三個編碼機會將輸入的「Z」再次以「Z」輸出。相反地，這表示三個編碼機輸入「Z」時只會出現「Z」，輸入其他字母則會出現其他結果。如果我們輸入「A」，從以上的模式繼續將編碼機輸出的字母輸入，可能會獲得所有其他字母，但「Z」卻不會在結果當中。這是決定性的一步。

我們現在只需注意兩種情況。使用這個反饋迴圈時，若不是只獲得一個字母，就是獲得這個字母以外的所有字母。兩種情況下，輸入的字母便是「I」的

接線夥伴。

怪才圖靈。 　這就是圖靈思考的中心點。就是這些想法破解了奇謎機的密碼。這只是圖靈精通領域中的一個例子。

這些想法至少也是共同決定了二次世界大戰結果的元素之一，一個讓時間分成「之前」和「之後」的重大事件。稍微誇張一點的話，還可以說是圖靈這位數學家決定了二次大戰的結果。好好記住這個故事，有機會的話在聊天時當作話題：在聚餐時或是雞尾酒派對上當作寒暄的開場白。

最純粹的蠻力法，就是在透過嘗試所有想像得到的可能方法來解題。嚴格說來，這比較像是自我防衛，而非構思，更不是什麼思考力的展現。奇謎機很容易就能擊垮只會這個方法的解密人員。透過排列法的巧妙應用，極度縮小鑰匙空間，才是成功關鍵。

我們現在再來舉一個使用蠻力法的例子，例子中也運用一些想法，大大縮減解的空間。

終極換錢法。 　要把一歐元硬幣找開，共有幾種方法？

在我們處理這個問題之前，你也可以先猜猜看一共有多少種可能！

單純的蠻力法是將集合 $\{1, 2, 5, 10, 20, 50\}$ 中的數字當成被加數使用，列出可以相加成 100（1 歐元等於 100 分）的所有可能性。譬如像是：

$$100 = 50 + 50$$
$$= 50 + 20 + 20 + 10$$
$$= 50 + 20 + 10 + 10 + 10$$

．

．

．

原則上，當然可以使用這種辦法，但是得花上很長時間，同時也無法展現證

明的技巧。我們試著引進一個能夠簡化問題以及所需時間的想法。為了簡單地寫出這個想法，我們要引進一個新的概念。我們說：一個自然數 n 用集合 R = { a, b, c, ...} 中選出的被加數所做的分割，就是寫成如下的相加分解式

$$n = a \cdot c_a + b \cdot c_b + ...$$

係數 c_a、c_b、……均為自然數（包括零）。我們用符號 $P_R(n)$ 來代表自然數 n 的這種分割的個數。

套用這種術語來說，我們的問題的解可以暫定為 $P_R(100)$，而 R = {1, 2, 5, 10, 20, 50}。為了明確得出這些數值，我們考慮到以下方法：在 100 這個數的分解中，從集合 R* = {10, 20, 50} 選出的被加數全都是 10 的倍數。這樣我們就有了第一步簡化

$$P_R(100) = \Sigma \mid \{ \text{從 R* 中的被加數相加得到 10k 的 100 之分割} \} \mid$$

在此以及在之後，會求出 k = 0 到 k = 10 的總和，就像 | A | 表示集合 A 的元素個數，也就是基數。就算跟著這條思考路線，我們還是會遇到強大的阻礙，必須依賴別的點子，好比寫成別的形式

$$P_R(100) = \Sigma \ P_{\{1, 2, 5\}}(100 - 10k) \cdot P_{\{1, 2, 5\}}(k) \tag{41}$$

這個變形背後的邏輯，通常無法一眼就看出來。方程式 (41) 根據的基本想法是，從集合 R*= {10, 20, 50} 選出的被加數相加成 10k 這個數的分割，和從 R′ = {1, 2, 5} 選出的被加數相加出 k 這個數的分割，兩者的數量一樣多。這是我們必須考慮的想法。式子中的乘數 $P_{\{1, 2, 5\}}(k) = P_{\{10, 20, 50\}}(10k)$，是指來自集合 R* 的被加數，而 $P_{\{1, 2, 5\}}(100 - 10k)$ 則指來自集合 R′ 的被加數。

開始的工作已經完成。方程式 (41) 呈現了我們所尋找的簡化。裡面蘊含的

知識減輕了我們的工作負擔，因為現在只需要找出 $a_n = P_{\{1, 2, 5\}}(n)$ 這個數。為此，我們再引進 $b_n = P_{\{1, 2\}}(n)$ 這個數，並寫出 $n = 5m + i$，其中的 i 來自集合 $\{0, 1, 2, 3, 4\}$。a_n 和 b_n 之間存在以下的簡單關係

$$a_n = b_n + b_{n-5} + b_{n-10} + ... + b_{n-5m}$$

因為 n 分解成加式時，可以出現 m 個被加數 5。還要注意的是，$b_0 = 1$。

如此一來，現在要面對的是簡化過的新問題：求出 b_i。最快的方法是：我們寫下 $i = 2j + t$，而 t 的值不是 1 就是 0。這表示：i – t 這個數是 2 的倍數。將 2j 分解成集合 $\{1, 2\}$ 中的被加數，可以出現 0, 1, 2, ... 最多到 j 次被加數 2。於是，顯然可得

$$b_i = j + 1 = (i - t)/2 + 1$$

如果 t = 0，這個方程式會等於 i/2 + 1，而如果 t = 1，則會等於 i/2 + 1/2。換句話說：

$$\text{對每個自然數 } i，b_i = \tfrac{1}{4} (2i + 3 + (-1)^i)$$

這樣我們就可以順利地繼續做下去

$$a_n = \Sigma \; b_{n-5k} = \tfrac{1}{4} \left[\Sigma \; (2n - 10k + 3) + \Sigma \; (-1)^{n-5k} \right]$$

在這裡及後面，加總都是從 k = 0 加到 k = m。問題剩下的部分就勢如破竹了。我們分別化簡一下：

$$\Sigma \; (2n - 10k + 3) = (2n + 3 - 5m)(m + 1)$$

以及

$$\sum (-1)^{n-5k} = \sum (-1)^{n+k} = (-1)^n \sum (-1)^k = (-1)^n[\tfrac{1}{2}(1 + (-1)^m)$$

於是得到

$$a_n = \tfrac{1}{4}\,[(2n + 3 - 5m)(m + 1) + \tfrac{1}{2}((-1)^n + (-1)^{n+m})]$$

令 a_0 為 1，前面的方程式 (41) 就會變成

$$P_R(100) = a_{100} \cdot a_0 + a_{90} \cdot a_1 + a_{80} \cdot a_2 + a_{70} \cdot a_3 + a_{60} \cdot a_4 + a_{50} \cdot a_5 + a_{40} \cdot$$
$$a_6 + a_{30} \cdot a_7 + a_{20} \cdot a_8 + a_{10} \cdot a_9 + a_0 \cdot a_{10}$$

剩下的計算便可以不費工夫、毫不出錯地做完

$$P_R(100) = 541 \cdot 1 + 442 \cdot 1 + 353 \cdot 2 + 274 \cdot 2 + 205 \cdot 3 + 146 \cdot 4 +$$
$$97 \cdot 5 + 58 \cdot 6 + 29 \cdot 7 + 10 \cdot 8 + 1 \cdot 10$$
$$= 4562$$

經過這番歷經許多中途站的長途跋涉，我們可以確定：一歐元硬幣可以用 4562 種方式找開。誰想得到有這麼多種可能呢？

以下是最後一個應用例子：

進階擲骰子遊戲。 如果同時擲 6 顆骰子，可能擲出同一個點數，也有可能出現 2 到 6 種點數。現在假設，如果擲出剛好 4 種點數，我就贏了，出現其他結果時，我就輸了。我贏的機會比輸的機會大嗎？

直覺上這看起來像是對我不利的遊戲，讓你可能想跟我賭上一把。畢竟如果擲出 1、2、3、5 或 6 種點數的話，我就輸了。但在倉卒下判斷之前，我們先仔細分析一下這個遊戲。

先從一個簡單的事實來展開我們的分析。如果一次擲 6 顆骰子，便有 $6^6 =$ 46,656 種結果。如果要採用蠻力法，就要將所有結果列出，然後根據輸和贏的情況來分類。因為 46,656 種結果的機率都相同（對稱原理！），這個問題可以化簡到只計數贏的結果。現在可以開始：

圖104：擲6顆骰子時的兩種可能結果

第一種情形顯示 4 種點數，也就是我贏。第二種情形顯示 5 種點數，也就是我輸。以此類推。這個方法非常耗時間，一點也不愉快，而且不優雅。所以我們先嘗試考慮縮小搜尋空間，再將蠻力計數過程應用在縮小後的搜尋空間上。為了達到這個目的，我們更仔細研究一下可贏得遊戲的骰子模式。為了在擲 6 顆骰子時擲出 4 種點數，我們要不是擲出圖 104 中已經出現的模式 aabbcd，就是要擲出 aaabcd 這個模式；不同的字母代表不同的點數。沒有其他的勝利模式了。從這兩種模式，可產生許多不同的變化。之後就可以用蠻力法列出所有可能結果，或是算出它們的總數。

從 aabbcd 模式，如果 c 永遠在 d 之前，且考慮到 a 和 b 能夠互換，那麼用我們熟悉的二項式係數來表示，就一共有 B(6, 2) · B(4, 2) · 1/2 = 45 種情形，計數的情況有可能是：aabbcd、ababcd 或 acdabb，但不包括 bbaacd、babacd 以及 aabbdc。

至於另一個模式 aaabcd，則有 B(6, 3) = 20 種情形，如果 b 在 c 之前，c 又在 d 之前。abaacd 或 abcada 都屬於這種情況，但 aaacbd 不是。綜合以上兩種狀況，可以得出一共有 45 + 20 = 65 種我會贏的模式。

現在我們還必須算出將 a、b、c 和 d 換成骰子點數的方法有多少種。顯然會有

$$6 \cdot 5 \cdot 4 \cdot 3 = 360$$

種可能的情形：a 有 6 種點數可選，a 確定了之後，b 就還有 5 種點數可選，因為 a 和 b 不能相同，其餘類推。

　　因此最後可以得出，贏的情況一共有 360 · 65 = 23,400 種，這表示在其他 46,656 − 23,400 = 23,256 種情況下會輸。令人驚訝的是，在這場感覺必輸的遊戲中，贏的機率竟然比輸的機率要高，雖然只高出一點點。

　　也就是說，我贏的機會是 23,400/46,656 = 0.5015。

　　相較於蠻力法，我們最後得到的論證相當簡短。一點也沒有長篇大論和缺乏美感的痕跡。總結：這場遊戲我會贏的機率為 50.15%，即使僅僅多出那麼一點點。這可是一開始誰也猜不到的結果呀。

終曲

思考比大家想得還簡單。

——海因里希 · 史達西（Heinrich Stasse）

以下出自卡爾 · 瓦倫丁的名言可以當成結論：
「難易易難。」

德國一流大學教你數學家的 22 個思考工具
Das kleine Einmaleins des klaren Denkens:
22 Denkwerkzeuge für ein besseres Leben

作　　　者	克里斯昂‧赫塞 Christian Hesse
譯　　　者	何秉樺、黃建綸
封 面 設 計	李東記
內 頁 排 版	高巧怡
行 銷 企 劃	蕭浩仰、江紫涓
行 銷 統 籌	駱漢琦
業 務 發 行	邱紹溢
營 運 顧 問	郭其彬
責 任 編 輯	林慈敏
總 編 輯	李亞南
出　　　版	漫遊者文化事業股份有限公司
地　　　址	台北市103大同區重慶北路二段88號2樓之6
電　　　話	(02) 2715-2022
傳　　　真	(02) 2715-2021
服 務 信 箱	service@azothbooks.com
網 路 書 店	www.azothbooks.com
臉　　　書	www.facebook.com/azothbooks.read
發　　　行	大雁出版基地
地　　　址	新北市231新店區北新路三段207-3號5樓
電　　　話	(02) 8913-1005
訂 單 傳 真	(02) 8913-1056
初 版 一 刷	2025年1月
定　　　價	台幣400元

ISBN　978-626-409-053-7
有著作權‧侵害必究
本書如有缺頁、破損、裝訂錯誤，請寄回本公司更換。

DAS KLEINE EINMALEINS DES KLAREN DENKENS by
Christian Hesse
Copyright © Verlag C.H.Beck oHG, München 2013
Complex Chinese language edition published in
arrangement with
Verlag C.H.Beck through CoHerence Media
Complex Chinese translation copyright © 2025 by Azoth
Books Co., Ltd.
All rights reserved

國家圖書館出版品預行編目 (CIP) 資料

德國一流大學教你數學家的22 個思考工具/ 克里斯
昂. 赫塞(Christian Hesse) 著; 何秉樺, 黃建綸譯. --
二版. -- 臺北市 : 漫遊者文化事業股份有限公司出版 ;
新北市 : 大雁出版基地發行, 2025.01
272 面 ; 17 × 23 公分
譯自 : Das kleine Einmaleins des klaren Denkens :
22 Denkwerkzeuge für ein besseres Leben.
ISBN 978-626-409-053-7(平裝)
1.CST: 數學
310　　　　　　　　　　　　　　　113019604

漫遊，一種新的路上觀察學
www.azothbooks.com

漫遊者文化

大人的素養課，通往自由學習之路
www.ontheroad.today
遍路文化‧線上課程